全国一级造价工程师职业资格考试
考点·精要

建设工程技术与计量
（土木建筑工程）

李毅佳　编著

中国计划出版社
·北　京·

图书在版编目（CIP）数据

建设工程技术与计量 ：土木建筑工程 / 李毅佳编著.
北京 ：中国计划出版社，2025.8（2025.9重印）. -- （考点・精要）.
ISBN 978-7-5182-1888-2

Ⅰ. TU723.3

中国国家版本馆CIP数据核字第20250KA359号

全国一级造价工程师职业资格考试考点・精要

建设工程技术与计量(土木建筑工程)

JIANSHE GONGCHENG JISHU YU JILIANG(TUMU JIANZHU GONGCHENG)

李毅佳 编著

策划编辑：张 颖　　责任编辑：张 颖

封面设计：韩可斌

中国计划出版社出版发行

网址：www. jhpress. com

地址：北京市西城区木樨地北里甲 11 号国宏大厦 C 座 4 层

邮政编码：100038　电话：(010)63906433(发行部)

北京厚诚则铭印刷科技有限公司印刷

787mm×1092mm　1/16　7.5 印张　167 千字

2025 年 8 月第 1 版　2025 年 9 月第 3 次印刷

定价：60.00 元

前　　言

本书严格依据一级造价工程师职业资格考试新规范、新大纲和新教材编写，对一级造价工程师职业资格考试《建设工程技术与计量（土木建筑工程）》的核心考点进行了系统梳理与提炼，针对每类知识点总结出关键题眼记忆、关联考点脉络、易混淆概念辨析等知识精要，并配以经典题目。为方便考生实时记录学习进度与掌握程度，在每个核心知识点处设置了三轮记忆标记区域，旨在帮助广大考生在完成基础学习后，不仅能快速构建知识体系、精准把握各类题目中的关键信息，更能通过阶段性的记忆标记，科学追踪知识点的掌握情况，真正实现从“零散记忆”到“系统应用”再到“高效解题”的能力跨越，从容应对各类题型的灵活考查，从而有效提高答题正确率。

在内容编排上，编者充分站在考生视角，深度贴合备考后期的实际需求，精准保留核心考点，剔除与考试关联度低的冗余表述，同时通过典型例题详细演示如何从题干中快速锁定题眼，抓住关键信息，在原理题目中聚焦要点；针对教材中未详尽阐释的高频考点，补充自编例题与解析、思路与技巧。而三轮记忆标记的设置，能让考生在每轮复习后，清晰标记知识点的掌握状态——首轮标记理解程度，次轮标记记忆盲区，三轮标记易错难点，形成完整的记忆闭环。这些内容与知识点形成严密呼应，既全面覆盖核心模块，又通过差异化题目设计避免重复练习，确保考生在有限时间内掌握找题眼的方法，借助记忆标记实现高效突破，切实提升答题正确率。

最后，编者衷心希望各位考生能借助本书，在"建设工程技术与计量（土木建筑工程）"科目的复习中少走弯路，熟练运用找题眼的方法，通过三轮记忆标记扎实掌握关键考点，以高效的备考节奏稳步推进，最终顺利通过考试，在职业道路上稳步前行。

编 者

2025 年 8 月

目　　录

第一章　工 程 地 质

第一节　岩体的特征

一、考试大纲及考核要点

考试大纲要求及考核要点见表 1. 1. 1。

表 1. 1. 1　考试大纲要求及考核要点

序号	考试大纲要求	考核要点
1	岩体的结构	岩石的性质、分类、应用;土的性质、分类、应用;结构面;地质构造
2	岩体的力学特性	变形;强度
3	岩体的工程地质性质	特殊土;结构面;地震

二、精要·题眼

1. 岩体可能由一种或多种岩石组成,且在形成现实岩体的过程中经受了**构造变动、风化作用、卸荷作用**等各种内外力地质作用的破坏和改造。

1	2	3

2. 工程岩体:**地基岩体**、**边坡岩体**和**地下工程围岩**三类。

1	2	3

3. 岩石中的**石英**含量越多,钻孔难度就越大,钻头、钻机等消耗量就越多。

1	2	3

4. 矿物的颜色分为自色、他色和假色,**自色可以作为鉴别矿物的特征**,而他色和假色则不能。依据颜色鉴定矿物的成分和结构,依据**光泽**鉴定**风化**程度,依据**硬度**鉴定**矿物类别**。

1	2	3

1	2	3

5. 矿物等硬度排序见表 1. 1. 2。

表 1. 1. 2　矿物等硬度表

硬度	1	2	2~2. 5	3	4	5	5~5. 5
矿物	滑石	石膏	指甲	方解石	萤石	磷灰石	小刀

续表1.1.2

硬度	5.5~6	6	6~7	7	8	9	10
矿物	玻**璃**	**长**石	**钢**刀	石**英**	**黄**玉	刚**玉**	**金**刚石

6. 岩石按成因可分为岩浆岩(**火**成岩)、沉积岩(**水**成岩)和**变**质岩三大类。

1	2	3

7. **深成岩**常形成岩基等大型侵入体,岩性一般较单一,故其常被选为**理想**的建筑基础,**如花岗岩、正长岩、闪长岩、辉长岩**。

1	2	3

8. 变质岩的构造主要有板状构造、千枚状构造、片状构造、片麻状构造、**块状构造(矿物均匀分布、结构均一、无定向排列,如大理岩、石英岩等)**。

1	2	3

9. 土是由颗粒(**固**相)、水溶液(**液**相)和气(**气**相)所组成的**三相**体系。根据组成土的固体颗粒矿物成分的性质及其对土的工程性质影响不同,组成土的固体颗粒矿物可分为原生矿物、不溶于水的次生矿物、可溶盐类及易分解的矿物、有机质四种。

1	2	3

10. 变质岩除具除具有变**质前**原来岩石的矿物,如石英、长石、云母、角闪石、辉石、方解石、白云石、高岭石等外,尚有**经变质作用产生**的矿物,如石**榴**子石、**滑**石、**绿**泥石、**蛇**纹石等。

1	2	3

11. 土的结构和构造:①**单粒**结构;②**集合体**结构。

1	2	3

12. 整个土体构成上的**不均匀**性包括:层理、夹层、透镜体、结核、组成颗粒大小悬殊及裂隙特征与发育程度等。

1	2	3

13. 碎石土:粒径大于 **2mm** 的颗粒含量**超过全重 50%**的土;砂土:粒径大于 2mm 的颗粒含量不超过全重 50%,且粒径大于 0.075mm 的颗粒含量超过全重 50% 的土;**粉**土:粒径大于 0.075mm 的颗粒不超过全重 50%,且塑性指数 **小于或等于 10** 的土;**黏**性土:塑性指数 **大于 10** 的土。黏性土分为粉质黏土和黏土。见图 1.1.1。

1	2	3

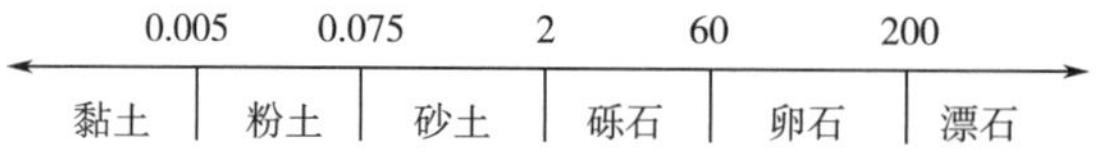

图 1.1.1 土的分类与土粒粒径

14. 根据颗粒大小及含量分类。土可分为**巨**粒土、**粗**粒土、**细**粒土等。

1	2	3

15. 结构面的产状要素：**走向**、**倾向和倾角**。结构面产状要素见图 1.1.2。

1	2	3

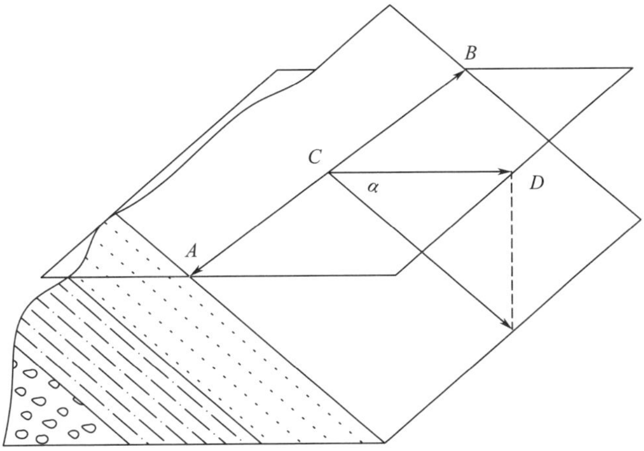

图 1.1.2　结构面产状要素

AB—走向；*CD*—倾向；α—倾角

16. 节理组数的多少决定了岩石的块体大小及岩体的结构类型，可以根据**节理组数**划分结构面**发育**程度。

1	2	3

17. 褶皱构造是岩层形成一系列波状弯曲而**未丧失**其连续性的构造。

1	2	3

18. 当地面遭受剥蚀，向斜在褶曲**轴部**出露的是较**新**的岩层，向**两翼**依次出露的是较**老**的岩层。

1	2	3

19. 对于**深**路堑和**高**边坡来说，路线**垂直**岩层走向或路线与岩层**走向平行**但岩层**倾向**与边坡倾向**相反**时，对路基边坡的稳定性是**有利**的，**走向平行**，边坡与岩层的**倾向一致**是不利的，尤其是**边坡的倾角大于岩层的倾角最为不利**。一般选线从褶曲的**翼部通过**是比较**有利**的。

1	2	3

20. 裂隙也称为节理，是存在于岩体中的裂缝，**裂隙率越大**，表示岩石中的**裂隙越发育**。

1	2	3

21. 裂隙**较发育**是裂隙 2~3 组，呈 X 型，较规则，以构造型为主，多数**间距大于 0.4m**，多为**密闭裂隙**，少有填充物。岩体被切割成大块状。裂隙较发育对基础工程**影响不大**。

1	2	3

22. 按裂隙的力学性质，可将构造裂隙分为**张性**裂隙和**扭（剪）性**裂隙。**张**性裂隙主要发育在背斜和向斜的**轴部**，**扭**（剪）性裂隙，一般出现在褶曲的**翼**部和**断层**附近。

1	2	3

23. 非**构造**裂隙是岩石在形成过程中产生的**原生**裂隙、**风化**裂隙以及沿沟壁岸坡发育的卸荷裂隙等。其中具有**普遍**意义的是**风化裂隙**，

1	2	3

其主要发育在岩体**靠近地面**的部分，一般很**少达到地面以下 10～15m** 的深度。裂隙分布**零乱**，**没**有**规律**性。

24. 根据断层两盘相对位移的情况分为：**正**断层、**逆**断层、**平推**断层。平**推**断层是由于岩体受水平**扭**应力作用。

1	2	3

25. 岩体结构的基本类型：**整**体块状结构、**层**状结构、**碎**裂结构和**散**体结构。①**整体**块状结构：这类岩体具有良好的工程地质性质，往往是较**理想**的各类工程建筑地基、边坡岩体及地下工程围岩。②**层状**结构：一般沿层面方向的**抗剪**强度明显**比垂直**层面方向的更**低**，特别是当**有软弱结构面**存在时，**更**为**明显**。这类岩体**作**为**边坡岩体**时，结构面**倾向坡外**比倾向坡里的工程地质性质**差**得多。

1	2	3

26. 岩体变形参数是由**变**形模量或**弹**性模量来反映的。**设计**人员所**关心**的主要是岩体的**变形**特性。

1	2	3

27. **岩体的强度**是岩块**岩石**和**结构面**二者**共同影响**表现出来的强度。如果岩体**沿**某一**结构面**产生**整体滑动**时，则岩体**强度**完全受**结构面强度控制**。

1	2	3

28. 岩石的主要物理性质：重量、孔隙性、吸水性、软化性、抗冻性。在**高寒冰冻**地区，**抗冻性**是评价岩石工程性质的一个重要指标。

1	2	3

29. **岩石**的主要**力学**性质包括岩石的**变形**和岩石的**强度**（抗压、抗拉、抗剪强度）。岩石的抗**压**强度**最高**，抗**剪**强度**居中**，抗**拉**强度**最小**。抗剪强度约为抗压强度的 **10%～40%**，抗拉强度仅是抗压强度的 **2%～16%**。岩石的**抗压**强度和**抗剪**强度，是**评价**岩石（岩体）**稳定性**的主要指标。

1	2	3

30. 土的**含水量**是土中水的重量与**土粒重量**之比。

1	2	3

31. 土的饱和度是土中被水充满的孔隙体积与孔隙总体积之比。饱和度 Sr 越大，表明土孔隙中充水愈多。$Sr<50\%$ 是稍湿状态；**$Sr=50\%\sim80\%$ 是很湿状态**；$Sr>80\%$ 是饱水状态。

1	2	3

32. 土的**孔隙比**是用来评价天然土层的**密实程度的参数**。一般，孔隙比**小于 0.6** 的土是**密实**的低压缩性土，孔隙比**大于 1.0** 的土是**疏松**的高压缩性土。

1	2	3

33. **塑**性指数越**大**，可塑性就越**强**；**液**性指数越**大**，土质越**软**。

1	2	3

34. **土**的**力**学性质主要是**压缩性**和**抗剪**强度。

1	2	3

35. **软土**泛指**淤泥**及淤泥质土。天然孔隙比 ***e* 大于或等于 1.0**。

1	2	3

36. 湿陷性黄土：自重湿陷性黄土和非自重湿陷性黄土。在自重**湿陷性黄土**地区修筑渠道，初次**放水**时就可能产生**地面下沉**，两

1	2	3

岸出现与渠道平行的**裂缝**。

37. **红黏土**尽管天然含水量高，一般仍处于坚硬或硬可塑状态，甚至**饱水**的红黏土**也**是**坚硬**状态的。

1	2	3

38. **膨胀土**具有显著的吸水膨胀和失水收缩，且**胀缩**变形往复**可逆**。

1	2	3

39. 素填土堆填时间如果是超过 **10** 年的**黏**性土、超过 **5** 年的**粉**土、超过 **2** 年的**砂**土，均具有一定的密实度和强度，可以作为一般建筑物的**天然**地基。素填土地基具有不均匀性，防止建筑物不均匀沉降是填土地基的关键。

1	2	3

40. 以生活垃圾和腐蚀性及易变性工业废料为主要成分的**杂填土**一般不宜作为建筑物地基。主要以**建筑垃圾**或一**般工业废料**组成的杂填土，采用适当的措施进行**处理后**可作为一般建筑物**地基**。

1	2	3

41. 对岩体影响较大的**结构面**的物理力学性质，主要是结构面的**产**状、**延续**性和抗**剪**强度。

1	2	3

42. **Ⅱ、Ⅲ**级结构面往往是对工程岩体力学和对**岩体破坏**方式有控制意义的边界条件。

1	2	3

43. 工程建设要注意软弱结构面。**软弱结构面**与两盘岩体相比具有高压缩和低强度等特征，在产状上多属**缓倾角**结构面。

1	2	3

44. 地震震级是依据所释放出来的能量多少来划分的。地震烈度是指某一地区的地面和建筑物遭受一次地震破坏的程度。**地震烈度包括基本烈度、建筑场地烈度和设计烈度**。**基本**烈度代表一个地区的**最大**地震烈度。震级与烈度的关系：**一次地震只有一个震级**，会形成多个地震烈度区。

1	2	3

45. **地震烈度**不仅与震**级**有关，还和震**源**深度、**距**震中距离以及地震波通过**介**质条件（岩石性质、地质构造、地下水埋深）等多种因素有关。

1	2	3

46. **重点**设防类和**特殊**设防类，应按高于本地区抗震设防烈度**提高一度**的要求加强其抗震措施。

1	2	3

47. **抗震等级**分为四个等级，以表示其**很**严重、**严**重、**较**严重及**一**般四个级别。钢筋混凝土房屋应根据设防类别、设防烈度、结构类型和房屋高度采用不同的抗震等级。

1	2	3

48. 丙类建筑框架结构的抗震等级见表 1.1.3。

1	2	3

表 1.1.3　丙类建筑框架结构的抗震等级

结构类型		设防烈度						
		6 度		7 度		8 度		9 度
框架	高度(m)	≤24	25~60	≤24	25~50	≤24	25~40	≤24
	框架	四	三	三	二	二	一	一
	跨度≥18m 的框架	三		二		一		一

笔记：

三、经典题型

1. 下列矿物在岩石中含量越多,钻孔难度越大的是(　　)。

A. 方解石　　B. 滑石

C. 石英　　D. 萤石

答案:C

解析:岩石中的石英含量越多,钻孔的难度就越大,钻头、钻机等消耗量也就越多。

2. 下列关于岩石的成因类型及特征的说法,正确的是(　　)。

A. 流纹岩、安山岩、脉岩均为喷出岩

B. 石灰岩、白云岩和大理岩均为化学岩及生物化学岩

C. 沉积岩生物成因构造包括生物礁体、虫迹、虫孔、叠层构造等

D. 石英岩矿物均匀分布,呈定向排列

答案:C

解析:选项 A 错误,脉岩属于浅成岩。选项 B 错误,大理岩属于变质岩。选项 D 错误,石英岩矿物均匀分布,呈无定向排列。

3. 下列关于土的结构和构造的说法,正确的是(　　)

A. 团聚结构是黏性土所特有的结构

B. 不同成因的土体,其结构基本相同

C. 土的结构是指整个土层构成不均匀性特征的总和

D. 一般土体的构造在水平或竖直方向变化较大,不受成因控制

答案:A

解析:选项 B 错误,对于每种成因类型的土体,都具有其各自特有的构造。选项 C 错误,土的构造是指整个土层(土体)构成上的不均匀性特征的总合。选项 D 错误,一般土体的构造在水平方向或竖直方向变化往往较大,受成因控制。

4. 粒径大于 2mm 的颗粒含量超过全重 50% 的土称为(　　)。

A. 碎石土　　B. 砂土

C. 黏性土　　D. 粉土

答案:A

解析:根据颗粒级配和塑性指数分为碎石土、砂土、黏性土和粉土。碎石土是粒径大于 2mm 的颗粒含量超过全重 50% 的土,根据颗粒级配和颗粒形状分为漂石、块石、卵石、碎石、圆砾和角砾;砂土是粒径大于 2mm 的颗粒含量不超过全重 50%,且粒径大于 0.075mm 的颗粒含量超过全重 50% 的土;黏性土是塑性指数大于 10 的土,分为粉质黏土和黏土;粉土是粒径大于 0.075mm 的颗粒不超过全重 50%,且塑性指数小于或等于 10 的土。

5. 下列关于建设工程选址的说法,正确的是(　　)。

A. 地下工程选地应避免工程走向与岩层走向角度太大

B. 特殊重要的国防项目应避免在低烈度地区建设

C. 道路选线应尽量使路线与岩层走向平行

D. 道路选线应避免路线与主要裂隙发育方向平行

答案:D

解析:避免路线与主要裂隙发育方向平行,尤其是裂隙倾向与边坡倾向一致的:选项 A 错误,地下工程注意避免工程走向与岩层走向交角太小甚至近乎平行。选项 B 错误,对于特殊重要的工业、能源、国防、科技和教育等方面新建项目的工程选址,还要考虑地区的地震烈度,尽量避免在高烈度地区建设。选项 C 错误,道路选线最不利的情况是路线与岩层走向平行,岩层倾向与路基边坡一致,而边坡的倾角大于(陡于)岩层的倾角。

6. 工程岩体沿某一结构面产生整体滑动时,其岩体强度完全受控于(　　)。

A. 结构面强度　　B. 节理的密集性

C. 母岩的岩性　　D. 层间错动幅度

答案:A

解析:当岩体中结构面不发育,呈完整结构时,岩石的强度可视为岩体强度。如果岩体沿某一结构面产生整体滑动时,则岩体强度完全受结构面强度控制。

7. 下列关于岩石物理力学性质的说法,正确的有(　　)。

A. 岩石的重度是岩石单位体积的重量

B. 岩石的软化性主要取决于岩石的矿物成分,结构和构造特征

C. 岩石软化系数的数值越大,表示岩石的强度和稳定性受水作用的影响越大

D. 岩石软化系数是岩石饱和与风干状态的极限抗剪强度之比

E. 岩石容重是岩石试件的总重量(扣除空隙中的水重)与其总体积(扣除空隙体积)之比

答案:AB

解析:选项C错误,软化系数其值越小,表示岩石的强度和稳定性受水作用的影响越大。选项D错误,用软化系数作为岩石软化性的指标,在数值上等于岩石饱和状态下的极限抗压强度与风干状态下极限抗压强度的比。E选项错误,岩石的重度也称容重,是岩石单位体积的重量,在数值上它等于岩石试件的总重量(包括孔隙中的水重)与其总体积(包括孔隙体积)之比。

8. 结构面的物理力学性质中,对岩体物理力学性质影响较大的有(　　)。

A. 抗压强度

B. 产状

C. 平整度

D. 延续性

E. 抗剪强度

答案:BDE

解析:对岩体影响较大的结构面的物理力学性质,主要是结构面的产状、延续性和抗剪强度。

9. 判断地震烈度,应考虑的因素有(　　)。

A. 震级

B. 震源所在地

C. 震源深度

D. 距震中距离

E. 介质条件

答案:ACDE

解析:地震烈度是指某一地区的地面和建筑物遭受一次地震破坏的程度,不仅与震级有关,还和震源深度、距震中距离以及地震波通过介质条件(岩石性质、地质构造、地下水埋深)等多种因素有关。

10. 可以鉴别矿物特征的颜色是(　　)。

A. 自色

B. 他色

C. 假色

D. 真色

答案:A

解析:由于成分和结构的不同,每种矿物都有自己特有的物理性质,如颜色、光泽、硬度等。物理性质是鉴别矿物的主要依据。矿物的颜色分为自色、他色和假色,自色可以作为鉴别矿物的特征,而他色和假色则不能。

11. 建筑物结构设计对岩体地基主要关心的是(　　)。

A. 岩体的弹性模量　　　　B. 岩体的结构

C. 岩石的抗拉强度　　　　D. 岩石的抗剪强度

答案:A

解析:设计人员所关心主要是岩体的变形特性,岩体的变形特性,岩体的变形参数是由变形模量或弹性模量来反映的。

12. 关于地震级和烈度的说法,正确的是(　　)。

A. 建筑抗震设计的依据是国际通用震级划分标准

B. 震级高,震源浅,距震中越近的地震其烈度不一定高

C. 一次地震一般会形成多个烈度区

D. 建筑抗震措施应根据震级大小确定

答案:C

解析:选项 A 错误,设计烈度是抗震设计所采用的烈度,是根据建筑物的重要性、永久性、抗震性以及工程的经济性等条件对基本烈度的调整。选项 B 错误,震级高,震源浅,距震中近的地震其烈度一定高。选项 D 错误,在工程建筑设计中,鉴定、划分建筑区的地震烈度是很重要的,因为一个工程从建筑场地的选择到工程建筑的抗震措施等都与地震烈度有密切的关系。

第二节　地下水的类型与特征

一、考试大纲及考核要点

考试大纲要求及考核要点见表 1.2.1。

表 1.2.1　考试大纲要求及考核要点

序号	考试大纲要求	考核要点
1	地下水的类型	包气带水、潜水、承压水;孔隙水、裂隙水、岩溶水
2	特征	包气带水的特征、潜水的特征、承压水的特征、裂隙水的特征、岩溶水的特征

二、精要・题眼

1. 根据埋藏条件地下水分为:包气带水、潜水、承压水三大类。

1	2	3

2. 承压水的补给区与分布区不一致。

1	2	3

3. **包**气带水处于地表面以下潜水位以上的包气带岩土层中，包括土壤水、沼泽水、上层滞水以及岩层风化壳（黏土裂隙）中季节性存在的水，主要**受气**候控制，季节性明显，变化大。雨季水量多，旱季水量少，甚至干涸。包气带水**对农业有很大意义**，对工程意义不大。

1	2	3

4. **潜**水是埋藏在地表以下**第一层**较稳定的**隔水层以上**具有**自由水面**的**重力水**。**受气**候条件影响、季节性变化明显。一般地面坡度越大，潜水面的坡度也越大，但**潜水面坡度**经常**小于**当地的**地面坡度**。

1	2	3

5. **承压**水也称为**自流**水，是地表以下**充满两个稳定隔水层之间**的重力水。承压水含水层上部的隔水层称为隔水顶板，下部的隔水层称为隔水底板。顶底板之间的距离为含水层厚度。

1	2	3

6. 裂隙水是指埋藏在基岩裂隙中的地下水。根据基岩裂隙成因，将裂隙水分为风化裂隙水、成岩裂隙水、构造裂隙水。①**风化裂隙水**主要受大气降水的补给，有明显**季节**性循环**交替**，常以**泉水**的形式排泄于河流中；②**成岩裂隙水**可以是潜水，也可以是承压水；③**层状构造裂隙水，**构造应力**分布均匀**且强度足够时形成；④**脉状构造裂隙水，**构造应力分布**不均匀**时形成。

1	2	3

7. **承压水**是因为限制在两个隔水层之间而具有一定压力，承压性是承压水的重要特征。因有隔水顶板存在，与地表水联系较弱，承压水**受气**候的影响**很小**，**动态较稳定**，**不**易**受污染**。适宜形成承压水的地质构造有两种：一为**向斜构造自流盆地**；二为**单斜构造自流斜地**。

1	2	3

8. 当地形和构造一致时，即为**正地形**，下部含水层压力高，若有裂隙穿越上下含水层，**下**部含水层的水通过裂隙**补**给**上**部含水层。**反地形**，**上**部含水层通过一定的通道**补**给**下**部的含水层。

1	2	3

9. 在厚层**灰岩**的**包气带**中，常有局部非可溶的岩层存在，起着隔水作用，在其上部形成岩溶**上层滞水**；**岩溶潜水**广泛分布在大面积出露的厚层**灰岩**地区，**动态变化很大**，水位变化幅度可达数十米；岩溶地层被覆盖或岩溶层与砂页岩互层分布时，在一定的构造条件下，就能形成**动态较稳定**的**岩溶承压水**。

1	2	3

笔记：

三、经典题型

1. 地下水补给区与分布区不一致的是(　　)。

A. 基岩上部裂隙中的潜水

B. 单斜岩融化岩层中的承压水

C. 黏土裂隙中季节性存在的无压水

D. 裸露岩层中的无压水

答案:B

解析:承压水的补给区与分布区不一致。

2. 下列关于潜水特征的说法,正确的有(　　)。

A. 多数存在于第四纪松散岩层中

B. 常为无压水,大部分由渗入形成

C. 充满于两个隔水层之间,无自由水面

D. 岩层风化壳裂隙中季节性存在的水

E. 补给区与分布区一致

答案:ABE

解析:选项 C 错误,潜水是埋藏在地表以下第一层较稳定的隔水层以上具有自由水面的重力水,其自由表面承受大气压力,受气候条件影响,季节性变化明显。选项 D 是包气带水。

3. 不受气候影响的地下水是(　　)。

A. 气包带水　　B. 潜水

C. 承压水　　D. 裂隙水

答案:C

解析:因有隔水顶板存在,承压水不受气候的影响,动态较稳定,不易受污染。

4. 下列地下水中,属于承压水的有(　　)。

A. 包气带水　　B. 自流盆地内的水

C. 潜水　　D. 裂隙水

E. 单斜构造层自留水

答案:BE

解析:适宜形成承压水的地质构造有两种:一为向斜构造盆地,也称为自流盆地;二为单斜构造自流斜地。

5. 常处于第一层隔水层以上的重力水为(　　)。

A. 包气带水　　B. 潜水

C. 承压水　　D. 裂隙水

答案：B

解析：潜水是埋藏在地表以下第一层较稳定的隔水层以上具有自由水面的重力水。

第三节　常见工程地质问题及其处理方法

一、考试大纲及考核要点

考试大纲要求及考核要点见表 1.3.1。

表 1.3.1　考试大纲要求及考核要点

序号	考试大纲要求	考核要点
1	地下水	地下水对土体和岩体的软化、地下水位下降引起软土地基沉降、动水压力产生流沙和潜蚀、地下水的浮托作用、承压水对基坑的作用、地下水对钢筋混凝土的腐蚀
2	边坡稳定	影响边坡稳定的因素、不稳定边坡的防治措施
3	围岩稳定	地下工程位置选择的影响因素、围岩的工程地质分析、提高围岩稳定性的措施

二、精要·题眼

1	2	3

1. 松散、**软**弱土层地基处理：①对不满足承载力要求的松散土层，如砂和砂砾石地层等，**浅**层可**挖**除，**深**层可采用固结**灌**浆、预制**桩**或灌注**桩**、地下连续**墙**或沉**井**等加固。②对不满足抗**渗**要求的，可**灌**水泥浆或水泥黏土浆，或地下连续**墙**防渗；对于影响**边坡**稳定的，可**喷**射混凝土或用土**钉**支护。③对不满足承载力的**软**弱**土**层，如**淤泥**及**淤泥质土**，**浅**层的**挖**除，**深**层的，可以采用振冲等方法用**砂**、**砂砾**、**碎石**或**块石**等置**换**。

1	2	3

2. 风化、**碎**石岩层地基处理：**浅**层**挖**除，处于**边坡**影响**稳定**的，可根据情况采用**喷**混凝土或**挂网喷**混凝土护面，**必要**时**配**合**灌**浆和**锚杆**加固，**甚至采用**砌体、混凝土和钢筋混凝土等**格构**方式的结构护坡。

1	2	3

3. 断层、泥化软弱**夹层**地基处理：①对充填胶结差的断层，**浅**埋的尽可能清**除**回**填**，**深**埋的**灌**水泥浆处理。②泥化软弱夹层影响承载力，**浅**埋的尽可能清**除**回**填**，**深**埋的一般**不影响**承载能力。③泥化软弱夹层是**滑动控制面**，对于不便清除回填的，可采用**锚杆**、抗滑**桩**、预应力锚**索**等进行**抗滑**处理。

4. 对塌陷或**浅**埋溶(土)**洞**宜采用**挖**填夯实法、**跨**越法、**充**填法、**垫**层法进行处理;对**深**埋**溶**(土)洞宜采用注**浆**法、**桩**基法、**充**填法进行处理。

1	2	3

5. 地下水最常见的问题主要是对岩体的**软化**、**侵蚀**和**静**水**压**力、**动**水**压**力作用及其**渗透**破坏等。

1	2	3

6. 当**地下水的动水压力大于**土粒的浮容重或地下水的水力坡度大于**临界水力坡度**时,就会产生**流沙**。流沙易产生在细沙、粉沙,粉质黏土等土中。其严重程度按现象可分三种:**轻**微流沙、**中**等流沙、严**重**流沙。处理方法:**常**用的方法有**人**工降低地下水位和打**板桩**等,**特**殊情况下也有采取**化**学加固法、**爆**炸法及加**重**法等。在基槽开挖的过程中局部地段**突**然出现严重流沙时,可立即抛入**大**块**石**等阻止流沙。

1	2	3

7. 如果地下水渗流产生的动水压力小于土颗粒的有效重度,即**渗流水力坡度小于临界水力坡度,会产生机械潜蚀**。对潜蚀的**处理**可以采用**堵截**地表水流入土层、**阻**止地下水在土层中流动、设置反**滤**层、**改**良**土**的性质、**减**小地下水**流**速及水力坡度等措施。

1	2	3

8. 当建筑物基础底面位于地下水位以下时,地下水对基础底面产生静水压力,即产生浮托力。如果基础位于粉土、砂土、碎石土和节理裂隙**发育**的岩石地基上,则按地下水位 **100% 计算浮托力**;如果基础位于节理裂隙**不发育**的岩石地基上,则按地下水位 **50% 计算浮托力**;如果基础位于**黏性**土地基上,其浮托力较难确切地确定,应结合地区的实际**经验**考虑。

1	2	3

9. 当**基坑底为隔水层**且**层底作用有承压水时**,应**进行**坑底**突涌验算**,必要时可**采取水平封底隔渗或钻孔减压措施**,保证坑底土层稳定。当坑底含承压水层且上部**土**体压**重不足**以抵抗承压水水头时,应布置**降**压井降低承压**水**水头压力,防止承压水突涌。

1	2	3

10. 影响**边坡稳定**因素:①**内在**因素,组成边坡岩土体的性质、地质构造、岩体结构、地应力等,它们常常起着主要的控制作用;②**外在**因素,地表水和**地下水**的作用、地震、风化作用、人工挖掘、爆破以及工程荷载等。

1	2	3

11. 坡度越陡,坡高越大对稳定越不利。**崩塌**现象均发生在坡**度大于 60°**的斜坡上。

1	2	3

12. 地层岩性不同,所形成的边坡变形破坏类型及能保持稳定的坡度也不同。

1	2	3

(1)**深成**侵入岩、厚层坚硬的沉积岩以及片麻岩、石英岩等构成的边坡,一般**稳定**程度是较高的。只有在节理发育、有软弱结构面穿插且边坡高陡时,才易发生崩塌或滑坡现象。

(2)**喷出**岩边坡,如玄武岩、凝灰岩、火山角砾岩、安山岩等,其原生的节理,尤其是柱状节理发育时,易形成**直立边坡**并易发生**崩塌**。

(3)含**有**黏土质页岩、泥岩、煤层、泥灰岩、石膏等**夹层**的沉积岩边坡,最易发生**顺层滑**动,或因下部蠕滑而造成上部岩体的崩塌。

(4)千**枚**岩、**板**岩及**片**岩,岩性较软弱且易风化,在产状陡立的地段,临近斜坡表部容易出现蠕动变形现象。当受节理切割遭**风化后**,常出现**顺层**(或片理)**滑**坡。

(5)具有垂直节理且疏松透水性强的**黄土**,**浸水**后易崩解**湿陷**。当受水浸泡或作为水库岸边时,极易发生崩塌或塌滑现象。

(6)崩塌堆**积**、坡**积**及残**积**层地区,其下伏基岩面常常是一个倾向河谷的斜坡面。当有地下水在此受阻,**有黏**土质成分沿其分布时,极易形成滑动面,使上部松散堆积物形成**滑坡**。

1	2	3

13. 地质**构造**因素包括**褶**皱、**断**裂、区域**新**构造运动及**地应力**等。

1	2	3

14. **地下水**是影响边坡稳定最**重要**、**最活跃**的**外在因素**,绝大多数滑坡都与地下水的活动有关。地下水对边坡稳定的影响:①地下水会使岩石软化或溶蚀。②地下水产生静水压力或动水压力,促使岩体下滑或崩倒。③地下水增加了岩体重量,可使下滑力增大。④在寒冷地区,渗入裂隙中的水结冰,产生膨胀压力。⑤地下水产生浮托力。

1	2	3

15. 不稳定边坡的防治措施:①**防**渗和**排**水,整治滑坡的一种重要手段。②**削**坡,要注意滑动面的位置,否则不仅效果不显著,甚至更会促使岩体不稳。③**支挡**建筑,主要是在不稳定岩体的下部修建挡墙或支撑墙(或墩),也是一种应用广泛而有效的方法。④**锚固**措施,适用于加固岩体边坡和不稳定岩块。混凝土锚固桩,锚固**桩**(或称抗滑桩)适用于**浅**层或**中厚**层的滑坡体**滑动**。一般垂**直于**滑动方向布置一排或两排,桩径通常为 **1~3m**,深度一般要求滑动面以下桩长占全桩长的 **1/4~1/3**。

1	2	3

16. 影响地下工程位置选择的因素:①**地形**条件。选择隧洞位置时,隧洞进出口地段的边坡应**下陡上缓**,无滑坡、崩塌等现象存在。洞口岩石应直接出露或坡积层薄,岩层**最好倾向山里**以保证洞口坡的安全。②**岩性**条件。一般在**坚硬完整**岩层中开挖,围岩稳定、进度快、

造价低。③**地质构造**条件。a. **褶皱**的影响,**背斜核部**,岩层呈上拱形,**有利**于洞顶的稳定。**向斜核部**岩层呈倒拱形,易于塌落。向斜核部往往是承压水储存的场所,**不宜修**建地下工程。原则上应避开褶皱核部,若必须在褶皱岩层地段修建地下工程,可以将地下工程放在褶皱的两侧。b. 断裂的影响,应避免地下工程轴线沿断层带布置。在选址时应**尽量避开大断层**。c. 岩层产状的影响,对于地下工程轴线与岩层走向垂直的情况,围岩的稳定性较好,特别是对边墙稳定有利。当洞身穿过软硬相间或破碎的倾斜岩层时,**顺倾向**一侧的围岩易于变形或滑动,造成很大的**偏压**,**逆倾向**一侧围岩侧压力小,有利于**稳定**。④**地下水**。⑤**地应力**。**初始应力状态**是决定围岩应力**重分布**的主要因素。

17. 围岩的工程地质分析:①**脆**性破裂,经常产生与**高**地应力地区,其形成的机理是复杂的,它是储存有很大**弹**性应变能的岩体。②**块**体滑移,是块状结构围岩常见的破坏形式,常以**结构面交汇切割**组合成不同形状的块体滑移、塌落等形式出现。③岩层的弯**曲折断**,是**层状**围岩变形失稳的主要形式,**水平层状围岩中**,**顶板**容易下沉弯曲折断。④**碎裂**结构岩体在张力和振动力作用下容易松动、解脱,在**洞顶**则产生**崩落**,在**边墙**上则表现为**滑塌**或碎块的**坍塌**;当结构面间**夹泥**时,往往会产生大规模的**塌方**,如**不及时**支护,将愈演愈烈,直至**冒顶**。⑤一般**强烈**风化、强烈构造破碎或新近堆积的土体,在重力、围岩应力和地下水作用下常产生**冒落**和**塑性变形**。

1	2	3

18. 提高围岩稳定性的措施:支撑与衬砌、喷锚支护两大类。**喷层+锚杆(最有效)**。

1	2	3

19. **衬砌**是加固围岩的**永久**性结构,其作用主要是承受围岩压力及内水压力。

1	2	3

20. **喷锚**支护是在地下工程开挖后,及时地向围岩表面喷一薄层混凝土(**一般厚度为 5~20cm**)。如果**喷**混凝土再配合**锚**杆加固围岩,则会更有效地**提高围岩自身的承载力和稳定性**。

1	2	3

21. **喷混凝土**具备以下几方面的作用:**首先**,它能紧跟工作面,速度快,因而缩短了开挖与支护的间隔时间,及时地填**补**了围岩表面的裂缝和缺损,阻止裂隙切割的碎块脱落松动,使围岩的应力状态得到改善。**其次**,由于有较高的喷射速度和压力,浆液能充填张开的裂隙,起着加固岩体的作用,**提高**了岩体**整体性**。**此外**,喷层与围岩紧密结合,有较高的黏结力和抗剪强度,能在**结合面上传递各种应力,可以起**

1	2	3

到承载拱的作用。为了防止锚杆之间的碎块塌落,可采用喷层和钢丝网来配合。

22. 各类围岩的具体处理方法。①对于**坚硬的整体围岩**,这种情况下**喷**混凝土的作用主要是**防**止围岩表面**风**化,**消**除开挖后表面的**凹凸**不平及**防**止个别岩块**掉落**,其喷层厚度一般为**3~5cm**。当地下工程围岩中出现**拉**应力区时,应采用**锚杆**稳定围岩。②对于**块状**围岩,**喷混凝土支护即可**,但对于边墙部分岩块可能沿某一结构面**出现滑动**时,应该用**锚杆**加固。③对于**层状**围岩,应以**锚杆**为主要的支护手段。④对于**软弱**围岩,在地下工程开挖后一般都不能自稳,所以**必须立即喷**射混凝土,**有时**还要加**钢筋网**,然后**打锚杆才能**稳定围岩。

1	2	3

笔记:

三、经典题型

1. 对于深层的淤泥及淤泥质土,技术可行、经济合理的处理方式是(　　)。

A. 挖除　　B. 水泥灌浆加固

C. 振冲置换　　D. 预制桩或灌注桩

答案:C

解析:对不满足承载力的软弱土层,如淤泥及淤泥质土,浅层的挖除,深层的可以采用振冲等方法用砂、沙砾、碎石或块石等置换。

2. 风化、破碎岩层边坡加固,常用的结构形式有(　　)。

A. 木挡板　　B. 喷混凝土

C. 挂网喷混凝土　　D. 钢筋混凝土格构

E. 混凝土格构

答案:BCD

解析:风化、破碎处于边坡影响稳定的,可根据情况采用喷混凝土或挂网喷混凝土护面,必要时配合灌浆和锚杆加固,甚至采用砌体、混凝土和钢筋混凝土等格构方式的结构护坡。

3. 对建筑地基中深埋的水平状泥化夹层通常(　　)。

A. 不必处理　　B. 采用抗滑桩处理

C. 采用锚杆处理　　D. 采用预应力锚索处理

答案:A

解析:对充填胶结差,影响承载力或抗渗要求的断层,浅埋的尽可能清除回填,深埋的灌水泥浆处理;泥化夹层影响承载能力,浅埋的尽可能清除回填,深埋的一般不影响承载能力,所以不需要进行处理。

4. 在岩溶地区进行地基处理施工时,对深埋溶(土)洞宜采用的处理方法有(　　)。

A. 桩基法　　B. 注浆法

C. 跨越法　　D. 夯实法

E. 充填法

答案:ABE

解析:对塌陷或浅埋溶(土)洞宜采用挖填夯实法、跨越法、充填法、垫层法进行处理;对深埋溶(土)洞宜采用注浆法、桩基法、充填法进行处理。对落水洞及浅埋的溶沟(槽)、溶蚀(裂隙、漏斗)等,宜采用跨越法、充填法进行处理。

5. 开挖基槽局部突然出现严重流沙时,可立即采取的处理方式是(　　)。

A. 抛入大块石　　B. 迅速降低地下水位

C. 打板桩　　D. 化学加固

答案:A

解析:在基槽开挖的过程中局部地段突然出现严重流沙时,可立即抛入大块石等阻止流沙。

6. 由于动水压力造成的潜蚀,适宜采用的处理方式有(　　)。

A. 打板桩　　B. 设置反滤层

C. 人工降水　　D. 化学加固

答案:B

解析:对潜蚀的处理可以采用堵截地表水流入土层、阻止地下水在土层中流动、设置反滤层、改良土的性质、减小地下水流速及水力坡度等措施。

7. 建筑物基础位于黏性土地基上的,其地下水的浮托力(　　)。

A. 按地下水位100%计算　　B. 按地下水位50%计算

C. 结合地区的实际经验考虑　　D. 不须考虑和计算

答案:C

解析:当建筑物基础底面位于地下水位以下时,地下水对基础底面产生静水压力,即产生浮托力。如果基础位于粉土、砂土、碎石土和节理裂隙发育的岩石地基上,则按地下水位100%计算浮托力;如果基础位于节理裂隙不发育的岩石地基上,则按地下水位50%

计算浮托力；如果基础位于黏性土地基上，其浮托力较难确切地确定，应结合地区的实际经验考虑。

8. 下列影响边坡稳定的因素中，属于内在因素的是（　　）。

A. 地应力　　B. 地震作用

C. 地下水　　D. 地表水

答案：A

解析：影响边坡稳定性的因素有内在因素与外在因素两个方面。内在因素有边坡的岩土性质、地质构造、岩体结构、地应力等，它们常常起着主要的控制作用。

9. 下列关于不稳定边坡防治措施的说法，正确的是（　　）。

A. 抗滑桩适用于浅层或中厚层的滑坡体

B. 支挡建筑物的石基础要设置在滑坡面的范围以内

C. 削坡削减下来的土石，可填在坡脚，起反压作用

D. 为防止大气降水向岩体中渗透，可在滑坡体下部布置截水沟槽

E. 通常采用地下排水廊道将已渗入滑坡体中的积水排出

答案：ACE

解析：B 选项错误，支挡建筑物的基础要砌置在滑动面以下；D 选项错误，为了防止大气降水向岩体中渗透，一般是在滑坡体外围布置截水沟槽，以截断流至滑坡体上的水流。

10. 隧道选线尤其应该注意避开褶皱构造的（　　）。

A. 向斜核部　　B. 背斜核部

C. 向斜翼部　　D. 背斜冀部

答案：A

解析：向斜核部往往是承压水储存的场所，顶部被工程开挖时地下水会突然涌入洞室，因此，向斜核部不宜修建地下工程。因此，在布置地下工程时，原则上应避开褶皱核部。

11. 工程地基防止地下水机械潜蚀常用的方法有（　　）。

A. 取消反滤层　　B. 设置反滤层

C. 提高渗流水力坡度　　D. 提高渗流水力坡度

E. 改良土的性质

答案：BE

解析：对潜蚀的处理可以采用堵截地表水流入土层、阻止地下水在土层中流动、设置反滤层、改良土的性质、减小地下水流速及水力坡度等措施。渗流水力坡度小于临界水力坡度，出现机械潜蚀。

12. 下列关于地下水影响边坡稳定性的叙述，错误的是（　　）。

A. 地下水改变岩体的构造　　B. 地下水对岩体会产生浮力

C. 地下水使岩石软化或溶蚀　　　　D. 在寒冷地区,地下水渗入裂隙结冰膨胀

答案:A

解析:地下水影响边坡稳定性表现如下:①地下水会使岩石软化或溶蚀,导致上覆岩体塌陷,进而发生崩塌或滑坡。②地下水产生静水压力或动水压力,促使岩体下滑或崩倒。③地下水增加了岩体重量,可使下滑力增大。④在寒冷地区,渗入裂隙中的水结冰,产生膨胀压力,促使岩体破坏倾倒。⑤地下水产生浮托力,使岩体有效重量减轻,稳定性下降。

第四节　工程地质对工程建设的影响

一、考试大纲及考核要点

考试大纲要求及考核要点见表 1.4.1。

表 1.4.1　考试大纲要求及考核要点

序号	考试大纲要求	考核要点
1	工程地质对工程选址的影响	中小型建设工程的选址;大型建设工程的选址;地下工程的选址;道路选线;裂隙核断层对工程选址的影响
2	工程地质对建筑结构的影响	地质缺陷和地下水造成的造型、材料、结构尺寸、配筋
3	工程地质对工程造价的影响	工程地质对工程造价的三个影响

二、精要·题眼

1. 工程地质是建设工程地基及其一定影响区域的**地层**性质。

1	2	3

2. 一般**中小型**建设工程的选址,工程地质的影响主要是在工程建设**一定影响范围内**,地质构造和地质问题对工程建设的影响和威胁。

1	2	3

3. **大型**建设工程的选址,工程地质的影响还要考虑**区域**地质构造和地质岩性形成的整体**滑**坡,地下**水**的性质、状态和活动对地基的危害。

1	2	3

4. **特殊**重要的工业、能源、国防、科技和教育等方面新建项目的工程选址,要高度重视地区的地震烈度,尽量**避免**在**高烈度**地区建设。

1	2	3

5. **地下**工程的选址，工程地质的影响要考虑**区域稳定性**的问题。也要注意**避免**工程走向与岩层走向**交角太小**甚至近乎**平行**的地质构造。

1	2	3

6. **道路**选线，因线性展布跨越地域多，受技术经济和地形地貌各方面的限制，对地质**缺陷**难以回避，工程地质的影响更为复杂。

1	2	3

7. 道路选线尽量**避开断层**裂谷边坡，尤其是不稳定边坡；避开岩层倾向与坡面倾向一致的**顺向坡**，尤**其是岩层倾角小于坡面倾角的顺向坡**；避免路线与主要裂隙发育方向平行，尤其是裂隙倾向与边坡倾向一致的；避免经过大型滑坡体、不稳定岩堆和泥石流地段及其下方。

1	2	3

8. **裂隙**（裂缝）对工程建设的影响主要表现在**破坏**岩体的**整体性**。

1	2	3

9. **断层**对工程选址的影响：①在公路工程建设中，应尽量**避开**大的断层破碎带。②当隧道轴线与断层走向平行时；应尽量**避免**与断层破碎带接触。

1	2	3

10. 对**建筑结构**的影响包括：对建筑**结构选型**、建筑**材料选用**、**基础选型**、**结构尺寸和钢筋配置**多方面的影响。

1	2	3

11. 工程所在区域的地**震烈度越高**，**构造柱和圈梁**等抗震结构的布置密度、断面尺寸和配筋率要相应增大。

1	2	3

12. 工程地质勘察对工程造价的影响可归结为**三个**方面：一是**选择**工程地质条件**有利**的**路线**，对工程**造价**起着**决定**作用；二是勘察**资料的准确性直接影响**工程造价；三是由于对特殊不良工程**地质问题认识不足**导致的工程**造价增加**。

1	2	3

笔记：

三、经典题型

1. 与大型建设工程的选址相比，一般中小型建设工程选址不太注重的工程地质问题是（　　）。

A. 土体松软　　　　B. 岩石风化

C. 区域地质构造　　D. 边坡稳定

E. 区域地质岩性

答案:CE

解析:一般中小型建设工程的选址,工程地质的影响主要是在工程建设一定影响范围内,地质构造和地层岩性形成的土体松软、湿陷、湿胀、岩体破碎、岩石风化和潜在的斜坡滑动、陡坡崩塌、泥石流等地质问题对工程建设的影响和威胁。大型建设工程的选址,工程地质的影响还要考虑区域地质构造和地质岩性形成的整体滑坡,地下水的性质、状态和活动对地基的危害。

2. 下列关于建设工程选址的说法,正确的是(　　)。

A. 地下工程选址应避免工程走向与岩层走向角度太大

B. 特殊重要的国防项目应避免在低烈度地区建设

C. 道路选线应尽量使路线与岩层走向平行

D. 道路选线应避免路线与主要裂隙发育方向平行

答案:D

解析:道路选线应避免路线与主要裂隙发育方向平行,尤其是裂隙倾向与边坡倾向一致的。选项A错误:地下工程注意避免工程走向与岩层走向交角太小甚至近乎平行。选项B错误:对于特殊重要的工业、能源、国防、科技和教育等方面新建项目的工程选址,还要考虑地区的地震烈度,尽量避免在高烈度地区建设。选项C错误:道路选线最不利的情况是路线与岩层走向平行,岩层倾向与路基边坡一致,而边坡的倾角大于(陡于)岩层的倾角。

3. 隧道选线应优先考虑避开(　　)。

A. 裂隙带　　B. 断层带

C. 横穿断层　　D. 横穿张性裂隙

答案:B

解析:当隧道轴线与断层走向平行时,应尽量避免与断层破碎带接触。隧道横穿断层时,虽然只是个别段落受断层影响,但因地质及水文地质条件不良,必须预先考虑措施,保证施工安全。特别当岩层破碎带规模很大,或者穿越断层带时,会使施工十分困难,在确定隧道平面位置时,应尽量设法避开。

4. 工程地质情况影响建筑结构的基础选型,在多层住宅基础选型中,出现较多的情况是(　　)。

A. 按上部荷载本可选片筏基础的,因地质缺陷而选用条形基础

B. 按上部荷载本可选条形基础的,因地质缺陷而选用片筏基础

C. 按上部荷载本可选箱形基础的,因地质缺陷而选用片筏基础

D. 按上部荷载本可选桩基础的, 因地质缺陷而选用条形基础

答案:B

解析:由于地基土层松散软弱或岩层破碎等工程地质原因,不能采用条形基础,而要采用片筏基础甚至箱形基础。对较深松散地层有的要采用桩基础加固,还要根据地质缺陷的不同程度,加大基础的结构尺寸。

5. 以下对造价起决定性作用的是(　　)。

A. 准确的勘察资料　　B. 过程中对不良地质的处理

C. 选择有利的线路　　D. 工程设计资料的正确性

答案:C

解析:对工程造价的影响可归结为三个方面:一是选择工程地质条件有利的路线,对工程造价起着决定作用;二是勘察资料的准确性直接影响工程造价;三是由于对特殊不良工程地质问题认识不足导致的工程造价增加。

6. 地层岩性和地质构造不能影响房屋建筑的(　　)。

A. 结构选型　　B. 建筑材料

C. 结构尺寸　　D. 构造柱的布置

答案:D

解析:对建筑结构选型和建筑材料选择的影响,对基础选型和结构尺寸的影响,对结构尺寸和钢筋配置的影响。工程所在区域的地震烈度越高,构造柱和圈梁等抗震结构的布置密度、断面尺寸和配筋率要相应增大,不属于地层岩性和地质构造影响的主要因素。

第二章 工程构造

第一节 工业与民用建筑工程的分类、组成及构造

一、考试大纲及考核要点

考试大纲要求及考核要点见表2.1.1。

表2.1.1 考试大纲要求及考核要点

序号	考试大纲要求	考核要点
1	工业与民用建筑工程的分类及应用	建筑物和构筑物的区别、工业建筑分类、民用建筑分类
2	民用建筑构造	按承重体系分类;基础、墙、楼板与地面、阳台与雨篷、楼梯、门与窗、屋顶、装饰构造
3	工业建筑构造	单层厂房的结构组成、单层厂房承重结构构造

二、精要·题眼

1. 厂房按层数分:①**单**层厂房(**大、重**);②**多**层厂房(**轻**);③**混合**层数厂房(**流程**)。

1	2	3

2. 厂房按工业建筑用途分:①生产厂房;②生产**辅助**厂房(**理工**);③动力用厂房;④存储用建筑;⑤运输用建筑;⑥**其他**建筑(**水**)。

1	2	3

3. **排架**结构柱顶与屋架或屋面梁做**铰接**连接,而柱下端则嵌固于基础中。排架是目前单层厂房中最基本、应用最普遍的结构形式。

1	2	3

4. **刚架**结构柱和屋架合并为一个**刚性构件**;一般**重型单层**厂房多采用**刚架**结构。

1	2	3

5. 空间结构能充分发挥建筑材料的**强度潜力**。

1	2	3

6. 建筑高度**不大于27.0m**的住宅建筑、建筑高度**不大于24.0m**的公共建筑及建筑高度**大于24.0m的单层**公共建筑为低层或多层民用建筑。

1	2	3

7. 建筑高度**大于 27.0m** 的住宅建筑和建筑高度**大于 24.0m 的非单**层公共建筑,且高度不大于 100.0m 的,为高层民用建筑。

1	2	3

8. 建筑高度**大于 100m** 的民用建筑为**超**高层建筑。

1	2	3

9. 按建筑的设计使用年限分类见表 2.1.2。

1	2	3

表 2.1.2 民用建筑设计使用年限分类

类别	设计使用年限/年	示例
1	5	临时性建筑
2	25	易于替换结构构件的建筑
3	**50**	**普通建筑和构筑物**
4	**100**	**纪念性建筑和特别重要的建筑**

10. **型钢混凝土**组合结构,具备了**比**传统的**钢筋混凝土**结构**承载力大、刚度大、抗震性能好**的优点。与**钢结构**相**比**,具有**防火性能好,结构局部和整体稳定性好,节省钢材**的优点。

1	2	3

11. **装配式混凝土结构**是建筑**工业化最重要的方式**,它具有提高质量、缩短工期、节约能源、减少消耗、清洁生产等许多优点。预制装配式混凝土结构的预制构件主要有预制**外墙**、预制**内隔墙**、半预制**露台**、半预制**楼板**,半预制**梁**、预制**楼梯**等预制构件。

1	2	3

12. **预制装配整体式**结构的主要优点是生产基地一次**投资比全装配式少**,适应性大,节省运输费用,便于推广。在一定条件下也可以缩短工期,实现大面积流水施工,结**构的整体性良好**,并能取得较好的经济效果。

1	2	3

13. 民用建筑按承重方式分类:①**混合**结构体系,一般在**6 层以下**。②**框架**结构体系,优点是建筑平面布置**灵活**,缺点是侧**向刚度较小**。③**剪力墙**体系是利用建筑物的墙体(内墙和外墙)来抵抗水平力。因为**剪力墙既承受垂直荷载,也承受水平荷载**。④**框架-剪力墙体系**,一般适用于高度**≤170m** 的建筑。⑤筒体结构体系,**筒中筒结构适用于高度不超过 300m** 的建筑。⑥桁架是由**杆件**组成的结构体系。**拱式结构当断面较大**时,可采用**桁架**的形式。⑦**网架**结构体系优点是**空间受力**体系,杆件主要承受轴向力,受力合理,节约材料,整体性能好,刚度大,**抗震性能好**。杆件类型较少,适于**工业化**生产。⑧**拱**式结构体系(**有水平推力**)在建筑和桥梁中被广泛应用,适用于**体育馆、展览馆**

1	2	3

等建筑中。⑨**悬索**结构体系。悬索屋盖结构的跨度已达 **160m**，主要用于**体育馆、展览馆中**。**悬索**结构的主要承重构件是**受拉**的钢索。⑩**薄壁**空间结构体系，主要承受曲面内的**轴向压力**，弯矩很小，常用于大跨度的屋盖结构（**展览馆、俱乐部、飞机库**）。

1	2	3

14. 当**绿色建筑**总得分分别达到 **60 分、70 分、85 分**时，绿色建筑等级分别为一星级、二星级、三星级。

1	2	3

15. 根据建筑节能水平可分为**一般**节能建筑、**被**动式节能建筑、**零**能耗建筑和**产能**型建筑。

1	2	3

16. 基础按受力特点及材料性能可分为刚性基础和柔性基础；按构造的方式可分为条形基础、独立基础、片筏基础、**箱形基础（高层）**、桩基础等。

1	2	3

17. 刚性基础：在设计中，应尽力使基础大放脚≤基础**材料的刚性角**。构造上通过限制刚性基础**宽高比**来满足刚性角的要求。

1	2	3

18. **刚性基础**所用的材料如砖、石、混凝土等，**抗压强度较高**，但抗拉及抗剪强度偏低。

1	2	3

19. **柔性基础不受刚性角的限制**，在相同条件下，采用钢筋混凝土基础比混凝土基础可节**省大量的混凝土材料**和**挖土工程量，可以减小基础的埋深**。钢筋混凝土基础断面可做成锥形，最**薄处高度≥200mm**。也可做成阶梯形，每个踏步高 300~500mm。

1	2	3

20. 钢筋混凝土基础下面设有素混凝土垫层，厚度 100mm 左右；无垫层时，钢筋保护层为 **70mm**。有垫层时，钢筋保护层为 **40mm**。

1	2	3

21. 柱下十字交叉基础（**井格**基础），当地基条件**较差**可采用。

1	2	3

22. 平板式筏形基础。梁板式筏形基础又分为两类：一类是在底板上做梁，柱子支承在梁上；另一类是将**梁放在底板的下方**，底板上面平整，可**作建筑物底层地面**。

1	2	3

23. **箱形**基础：目前**高层**建筑中多采用箱形基础。

1	2	3

24. 基础埋深：从**室外**设计地面至基**础底面**的**垂直距离**称为基础的埋深。

1	2	3

25. 基础**埋深**的原则：在保证安全可靠的前提下**尽量浅埋**，除岩石地基外，不应浅于 0.5m。

1	2	3

26. 地下室的所有墙体都必须设**两道水平防潮层**。一道设在地下室**地坪**附近，具体位置视地坪构造而定；另一道设置在**室外地面散水以上 150~200mm** 的位置，以防地下潮气沿地下墙身或勒脚渗入室内。

27. 根据防水材料与结构基层的位置关系,有内防水和外防水两种。**外防水**方式中,由于防水材料置于**迎水面**,对防水较为**有利**。**内防水**是将防水材料置于结构内表面(背水面)的防水做法,对防水**不太有利**,**但施工简便**,易于维修,**多用于修缮**工程。

1	2	3

28. 地下室防水做法根据材料的不同常用的有防水混凝土防水、水泥砂浆防水、卷材防水、涂料防水、防水板防水、膨润土防水材料等。

1	2	3

29. 当室内地面均为**实铺**时,外墙墙身防潮层在室内地坪以下**60mm**处。当建筑物墙体两侧地坪不等高时,在**每侧地表下 60mm**处,防潮层应分别设置,并在两个防潮层间的墙上加设**垂直防潮层**。当室内地面采用**架空木地板**时,外墙防潮层应设在**室外地坪以上**,**地板木搁栅垫木之下**。

1	2	3

30. 降水量< 900mm 的地区:可以只设置散水,降水量**≥900mm** 的地区应同时设置**暗沟(明沟)和散水**。暗沟(明沟)纵坡坡度为**0.5%~1%**。

1	2	3

31. 外墙与暗沟(明沟)之间应做**散水**,散水宽度一般为 **600~1 000mm**,坡度为 3%~5%。

1	2	3

32. **外窗台**是**防止**在窗**洞底部积水**,并流向室内;**内窗台**则是为了**排除窗上的凝结水**,以保护室内墙面。

1	2	3

33. 宽度**超过 300mm 的洞口**上部应设置**过梁**。

1	2	3

34. **圈梁**可以提高建筑物的空**间刚度和整体性**,增加墙体稳定,减少由于地基不均匀沉降而引起的墙体开裂。宿舍、办公楼等多层砌体民用房屋,且层数为**3~4 层**时,应在**底层**和**檐口**标高处各**设置一道圈梁**。当层数**大于 4 层**时,除应在底层和**檐口标高处各设置一道圈梁外**,至少应在所有纵、横墙上**隔层设置**。多层砌体**工业房屋**,应**每层**设置现浇混凝土圈梁。

1	2	3

1	2	3

35. **构造柱**可不单独设置基础,应**伸入室外地面下 500mm**,或锚入浅于 500mm 的地圈梁内。

1	2	3

36. **伸缩缝**基础因受温度变化影响较小,不**必断开**。**沉降缝**与伸缩缝不同之处是除屋顶、楼板、墙身**都要断开**外,**基础部分也要断开**,即使相邻部分也可自由沉降、互不牵制。**防震缝**一般从**基础顶面开始**,沿房屋**全高**设置。

1	2	3

37. 外墙的保温构造,按其保温层所在的位置不同分为单一保温外墙、**外**保温**外**墙(**YYDS**)、内保温外墙和夹芯保温外墙。

1	2	3

38. 耐火等级根据其建筑高度、使用功能、重要性和火灾扑救难度等由高到低分为一级、二级、三级、四级。**一级**耐火等级建筑的构件应采

1	2	3

用**不燃**材料制作，其**承重墙**、**柱**和**防火墙**的耐火极限**不得低3.00h**；楼梯间和前室的墙、电梯井的墙、住宅建筑单元之间的墙和分户墙以及梁的耐火极限**不得低于2.00h**；楼板、屋顶承重构件及疏散楼梯的耐火极限**不得低于1.50h**。

39. 砌体材料的防火性能较好，普通黏土砖墙、加气混凝土砌块墙、轻质混凝土砌块墙等均为**不燃烧体**。

1	2	3

40. 防火墙应直接设置在建筑的基础或框架、梁等承重结构上，并从楼地面**基层**隔断至梁、楼板或屋面板底面**基层**。

1	2	3

41. 当**高层**厂房和**高层**仓库**屋顶**承重结构和**屋面板**的耐火极限**低于1.00h**，**其他**建筑屋顶承重结构和屋面板的耐火极限**低于0.50h时**，防火墙应**高出屋面0.5m**以上。当建筑**外墙为难燃**烧体时，防火墙应**凸出墙的外表面0.4m以上**，且防火墙两侧的外墙应为宽度均**不小于2.0m**的不燃烧体，其耐火极限不应低于该外墙的耐火极限。

1	2	3

42. 紧靠防火墙两侧的门、窗洞口之间最近边缘的**水平距离不应小于2.0m**（装有固定窗扇的乙级防火窗或火灾时可自动关闭的乙级防火窗除外）防火门、防火窗应划分为甲、乙、丙三级，其耐火极限：**甲**级**不应低于1.50h**，乙级**不应低于1.00h**，丙级不应低于0.50h。

1	2	3

43. 建筑内的**防火墙不宜**设置在**转角处**。

1	2	3

44. 防火墙上不应开设门窗**洞口**，必须开设时，应设置不可开启或火灾时能自动关闭的**甲级防火门窗**。可燃气体等管道严禁穿过防火墙。

1	2	3

45. 房屋中跨度**较小**的房间（如厨房、厕所、贮藏室、走廊）及雨篷、遮阳等常采用现浇钢筋混凝土**板式**楼板。

1	2	3

46. 梁板式肋形楼板：房屋的开间、进深较大，楼面承受的弯矩较大，常采用这种楼板。**板的搁置长度不小于120mm**，梁在墙上的搁置长度与梁高有关，**梁高≤500mm，搁置长度≥180mm**；梁高>500mm，搁置长度≥240mm。

1	2	3

47. **井字形**肋楼板。当房间的平面形状近似**正方形**，跨度在**10m以内**时，常采用这种楼板。

1	2	3

48. **无梁楼板**的柱网一般布置成方形或矩形，以**方形**柱网较为经济，跨度一般**不超过6m，板厚≥120mm**。适用于**荷载大、管线较多的商店和仓库**等。

1	2	3

49. 叠合楼板现浇**叠合层内**应设置**负弯矩钢筋**，并可在其中敷设**水平设备管线**。

1	2	3

50. **密肋填充块楼板**,**隔声**效果好,能充分利用不同材料的性能,节约模板且**整体性好**。

1	2	3

51. **直接与土壤接触地面的节能**构造常见的保温构造方法是在**距离外墙周边 2m 的范围内设保温层**。对特别寒冷的地区或保温性能要求高的建筑,可对整个地面利用聚苯板对地面进行保温处理。

1	2	3

52. **悬挑式阳台**,一般悬挑长度为 1.0~1.5m,以 1.2m 最常见。挑梁式阳台,**挑梁压入墙内的长度一般为悬挑长度的 1.5 倍左右**。**挑板式**阳台,阳台悬挑长度受限,一般**不宜超过 1.2m**。

1	2	3

53. 楼梯一般由梯段、平台、栏杆扶手三部分组成。

1	2	3

54. 现浇钢筋混凝土楼梯:①**板式楼梯**的梯段**底面平整**,**外形简洁**,便于支撑施工。当梯段**跨度不大时**,常采用它。②梁式楼梯当荷载或梯段**跨度较大**时,采用**梁式楼梯**比较经济。

1	2	3

55. 预制装配式楼梯大致可分为:**小型**构件装配式(N+N=2N)、**中型构件**装配式(**1+1=2**)和**大型构件装配式(1+1=1,每层需要两个大型预制装配式楼梯)**。

1	2	3

1	2	3

56. 窗户遮阳板根据其外形可分为**水平**式遮阳(**南向**及**南向**附近的窗口)、**垂直**式遮阳(东**北**、**北**和西**北**附近的窗口)、**综合**式遮阳(**南**、东**南**及西**南**附近的窗口)和**挡板**式遮阳(**东**、**西**向以及附近朝向的窗口)四种基本形式。

1	2	3

57. **正**置式屋面其构造一般为隔热保温层在防水层的下面。**倒**置式屋面其构造一般为**防水层在隔热保温层的下面(好)**。

1	2	3

58. **平屋顶**起坡方式:第一是材料找坡,也称垫坡。平屋顶**材料找坡**的坡度宜为 **2%**。第二是结构起坡,也称搁置起坡。平屋顶**结构找坡**的坡度宜为 **3%**。

1	2	3

59. **高层**建筑屋面宜采用**内**排水;**多层**建筑屋面宜采用有组织**外**排水;**低层**建筑及檐高小于 10m 的屋面,可采用**无组织**排水。**严寒**地区应采用**内**排水,**寒冷**地区宜采用**内**排水。**湿陷性黄土**地区应将雨水**直接排至雨水管网**。

1	2	3

60. 屋面落水管的布置量与屋面集水面积大小、每小时最大降水量、排水管管径等因素有关。它们之间的关系可用下式表示:$F=438D^2/H$。

1	2	3

61. 平屋面防水工程找平层厚度见表 2.1.3。

表 2.1.3　平屋面防水工程找平层厚度

找平层分类	适用的基层	厚度/mm	技术要求
水泥砂浆	**整体**现浇混凝土板	15~20	1∶2.5 水泥砂浆

续表2.1.3

找平层分类	适用的基层	厚度/mm	技术要求
水泥砂浆	**整体**材料保温层	20~25	1∶2.5 水泥砂浆
细石**混凝土**	**装配**式混凝土板	**30~35**	C20 混凝土宜加钢筋网片
	板状材料保温板		C20 混凝土

62. 为了防止屋面防水层出现龟裂现象,一是**阻断来自室内的水蒸气**,构造上常采取在屋面结构层上的找平层表面做**隔汽层**,阻断水蒸气向上渗透;二是在屋面防水层下保温层内**设排汽通道**。

1	2	3

63. **保护层**是防水层上表面的构造层。它可以防止太阳光的辐射导致防水层过早老化。**块体材料保护层宜设分隔缝,其纵横间距不宜大于 10m,分隔缝宽度宜为 20mm,**并用密封材料嵌填。**水泥砂浆**保护层表面应抹平压光,并应设表面分隔缝,**分格面积宜为 1m²,细石混凝土**保护层表面应抹平压光,并应设分隔缝,其**纵横间距不应大于 6m,分格缝宽度宜为 10 ~ 20mm,**并应用密封材料嵌填。淡色涂料保护层应与防水层黏结牢固,厚薄应均匀,不得漏涂。块体材料、水泥砂浆、细石混凝土与女儿墙或山墙之间,应预留宽度为 30mm 的缝隙,内宜填塞聚苯乙烯泡沫塑料,并应用密封材料嵌填。

1	2	3

64. 块体材料、水泥砂浆、细石混凝土保护层与卷材、涂膜防水层之间,应设置**隔离层**。

1	2	3

65. 平屋顶的**隔热**层分为**种植**、**架空**、**蓄水**三种形式。

1	2	3

66. 坡屋顶的承重结构:①砖墙承重又叫**硬山搁檩**,适用于**开间较小**的房屋。②**屋架**承重,当坡屋面房屋内部需要**较大空间**时,用屋架作为横向承重构件。③梁架结构又称为穿斗结构。④钢筋混凝土梁板承重。按施工方法有两种:一种是**现浇钢筋混凝土梁和屋面板**,另一种是**预制**钢筋混凝土屋面板直接搁置在山墙上或屋架上。对于**空间跨度不大**的民用建筑可采用钢筋混凝土**折板结构**。

1	2	3

67. 坡屋面的细部构造有**檐口、山墙、斜天沟、烟囱泛水构造、檐沟和落水管**等。双坡屋面的山墙有**硬山**和**悬山**两种。

1	2	3

68. **单层厂房承重结构:**①**横向排架:**由基础、柱、屋架组成,承受竖向荷载。②**纵向连系构件:**由吊车梁、圈梁、连系梁、基础梁等组成,保证厂房的整体性和稳定性。③**支撑系统构件:**柱间支撑、屋盖支撑**传递水平荷载**,保证厂房空间刚度和稳定性的作用。**外墙是围护结构**。

1	2	3

69. 钢筋混凝土**屋架或屋面梁**:一般跨度 9m 以下时用单坡形,**跨度为 12~18m 时为双坡**。普通钢筋混凝土屋面梁的跨度一般不大于 15m,**预应力**钢筋混凝土屋面梁跨度一般不**大于 18m**。**折线形屋架**吸收了**拱形**屋架的**合理外形,改善了屋面坡度**。

1	2	3

70. **无檩**钢屋架**屋面板跨度一般为 6m**,屋盖横向刚度大,整体性好,屋面构造简单,较为耐久;但因屋面自重较重,对抗震不利,一般是中型以上特别是**重型厂房**,因其对厂房的横向刚度要求较高,**采用无檩**方案比较合适。

1	2	3

71. **基础**是厂房的主要承重构件,承担着厂房上部的全部重量,并传给地基。厂房的基础一般采用**独立式基础**。

1	2	3

72. **鱼腹式**吊车梁。预应力混凝土鱼腹式吊车梁适用于厂房柱距不大于 12m,厂房**跨度为 12 ~ 33m**,**吊车起重量为 15~150t** 的厂房。

1	2	3

73. 屋架支撑布置原则:根据厂房的跨度、高度、屋盖形式、屋面刚度、吊车起重量及工作制,有无悬挂吊车和天窗设置等情况并结合抗震要求等进行合理布置。

1	2	3

74. 屋架支撑的类型,包括**上、下弦横向水平**支撑,**上、下弦纵向水平**支撑,**垂直**支撑和纵向水平**系杆**(加劲杆)等。**横向水平**支撑和**垂直支撑**一般布置在**厂房端部**和**伸缩缝两侧**的第二或第一柱间上。

1	2	3

75. **柱间支撑**的作用是加强厂房**纵向刚度和稳定性**,将**吊车纵向制动力**和**山墙抗风柱经屋盖系统传来的风力**经柱间支撑传至**基础**。

1	2	3

笔记:

三、经典题型

1. 下列关于工业建筑的说法,正确的有(　　)。

A. 热处理车间属于生产辅助厂房

B. 锅炉房、水泵房属于动力用厂房

C. 排架结构是目前单层厂房中最基本的结构形式

D. 一般重型单层厂房多采用刚架结构

E. 空间结构体系充分发挥了建筑材料的强度潜力

答案:CDE

解析:选项 A 错误,热处理车间属于生产厂房;选项 B 错误,水泵房属于其他建筑。

2. 柱与屋架铰接连接的工业建筑结构是(　　)。

A. 网架结构　　B. 排架结构

C. 钢架结构　　D. 空间结构

答案:B

解析:排架结构型工业建筑是将厂房承重柱的柱顶与屋架或屋面梁做铰接连接,而柱下端则嵌固于基础中,构成平面排架,各平面排架再经纵向结构构件连接组成为一个空间结构。

3. 与钢筋混凝土结构比,型钢混凝土组合结构的优点在于(　　)。

A. 承载力大　　B. 防火性能好

C. 抗震性能好　　D. 刚度大

E. 节约钢材

答案:ACD

解析:型钢混凝土组合结构比传统的钢筋混凝土结构承载力大、刚度大、抗震性能好。

4. 下列关于各种民用建筑结构体系特点的说法,正确的有(　　)。

A. 框架结构体系层数较多时,会产生较大侧移,易引起结构性构件破坏

B. 框架-剪力墙结构侧向刚度较大,平面布置灵活

C. 框架-剪力墙结构中,剪力墙主要承受水平荷载,其变形为弯曲型变形

D. 筒体结构抵抗水平荷载最为有效,不适用于高层建筑

E. 桁架结构的优点是可利用截面较小的杆件组成截面较大的构件

答案:BCE

解析:框架结构体系层数较多时,会产生较大侧移,易引起非结构性构件破坏。选项 D 错误,筒体结构在高层建筑中,特别是超高层建筑中,水平荷载越来越大,起着控制作用。筒体结构是抵抗水平荷载最有效的结构体系。

5. 关于刚性基础的说法,正确的是(　　)。

A. 刚性基础基底主要承受拉应力

B. 通常使基础大放脚与基础材料的刚性角一致

C. 刚性角受工程地质性质影响,与基础宽高比无关

D. 刚性角受设计尺寸影响,与基础材质无关

答案:B

解析:刚性基础所用的材料如砖,抗拉及抗剪强度偏低。刚性基础上的压力分布角称为刚性角。在设计中,应尽力使基础的大放脚与基础材料的刚性角相一致。以确保基

础底面不产生拉应力。受刚性角限制的基础称为刚性基础。构造上通过限制刚性基础宽高比来满足。

6. 以下不属于现浇钢筋混凝楼板的是(　　)。

A. 板式楼板　　B. 梁式楼板

C. 梁板式肋形楼板　　D. 井字形肋楼板

答案:B

解析:现浇钢筋混凝土楼板主要分为以下四种:板式楼板、梁板式肋形楼板、井字形肋楼板、无梁式楼板。

7. 关于墙体构造的说法,正确的是(　　)。

A. 室内地面均为实铺时,外墙墙身防潮层应设在室外地坪以下 60mm 处

B. 外墙两侧地坪不等高时,墙身防潮层应设在较低一侧地坪以下 60mm 处

C. 年降雨量小于 900mm 的地区只需设明沟

D. 散水宽度一般为 600~1 000mm

答案:D

解析:当室内地面均为实铺时,外墙墙身防潮层在室内地坪以下 60mm 处;当建筑物墙体两侧地坪不等高时,在每侧地表下 60mm 处,防潮层应分别设置,并在两个防潮层间的墙上加设垂直防潮层。当室内地面采用架空木地板时,外墙防潮层应设在室外地坪以上,地板木搁栅垫木之下。

8. 下列关于圈梁的说法,正确的有(　　)。

A. 配筋不应少于 $4\phi12$

B. 箍筋间距不应大于 250mm,且不应小于 200mm

C. 宽度不应小于 190mm,高度不应小于 120mm

D. 檐口标高为 4. 8m 的料石砌体结构单层厂房应在檐口标高处设量一道圈梁

E. 4 层的砌体民用房屋,除应在底层设圈梁外,应在纵横墙上设置圈梁

答案:ACD

解析:选项 B 错误,箍筋间距不应大于 200mm 而不是“不应小于”;选项 D 正确,砌块及料石砌体结构房屋,檐口标高为 4~5m 时,应在檐口标高处设置一道圈梁,檐口标高大于 5m 时,应增加设置数量,4. 8m 在 4~5 之间,所以应在檐口标示处设一道圈梁;选项 E 错误,宿舍、办公楼等多层砌体民用房屋,且层数为 3~4 层时,应在底层和檐口标高处各设置一道圈梁。当层数超过 4 层时,除应在底层和檐口标高处各设置一道围梁外,至少应在所有纵、横墙上隔层设置。

9. 对荷载较大、管线较多的商场,比较适合采用的现浇钢筋混凝土楼板是(　　)。

A. 板式楼板　　B. 梁板式肋形楼板

C. 井字形肋楼板　　D. 无梁式楼板

答案:D

解析:无梁楼板的底面平整,增加了室内的净空高度,有利于采光和通风,但楼板厚度较大,这种楼板比较适用于荷载较大、管线较多的商店和仓库等。

10. 按楼梯段传力的特点区分,预制装配式钢筋混凝土中型楼梯的主要类型包括(　　)。

A. 墙承式　　B. 梁板式

C. 梁承式　　D. 板式

E. 悬挑式

答案:BD

解析:现浇钢筋混凝土楼梯按楼梯段传力的特点可以分为板式和梁式两种。

11. 平屋面的涂膜防水构造有正置式和倒置式之分,所谓正置式的是指(　　)。

A. 隔热保温层在涂膜防水层之上　　B. 隔热保温层在找平层之上

C. 隔热保温层在涂膜防水层之下　　D. 隔热保温层在找平层之下

答案:C

解析:正置式屋面,其构造一般为隔热保温层在防水层的下面。

12. 坡屋顶承重结构划分有(　　)。

A. 硬山搁檩　　B. 屋架承重

C. 钢架结构　　D. 梁架结构

E. 钢筋混凝土梁板承重

答案:ABDE

解析:坡屋顶的承重结构包括:砖墙承重(又叫硬山搁檩)、屋架承重、梁架结构、钢筋混凝土梁板承重。

13. 多层建筑屋面排水应优先选择(　　)。

A. 内排水　　B. 有组织外排水

C. 无组织排水　　D. 天沟排水

答案:B

解析:高层建筑屋面宜采用内排水;多层建筑屋面宜采用有组织外排水;低层建筑及檐高小于10m的屋面,可采用无组织排水。

第二节　道路、桥梁、涵洞工程的分类、组成及构造

一、考试大纲及考核要点

考试大纲要求及考核要点见表2.2.1。

表 2.2.1　考试大纲要求及考核要点

序号	考试大纲要求	考核要点
1	道路工程	路的分类及组成、路基、路面、道路主要公用设施
2	桥梁工程	桥梁的组成与分类、桥梁上部结构、桥梁下部结构
3	涵洞工程	涵洞的分类、涵洞的组成

二、精要 · 题眼

1. 城市道路应按道路在道路网中的地位、交通功能以及对沿线的服务功能等，分为**快速路、主干路、次干路和支路四个等级**。**快速路完全为交通功能服务**，主干路交通功能为主，**次干路集散交通为主**，兼有服务功能，支路以务功能为主。

1	2	3

2. 道路结构组成包括路基和路面两部分。路面的基本结构层一般为**面层、基层、垫层**（有设计要求时基层下加垫层）三个主要层次。

1	2	3

3. **柔性路面**荷载作用下产生的弯沉变形较大、抗弯强度小，在反复荷载作用下产生累积变形，它的**破坏取决于极限垂直变形和弯拉应变**。柔性路面的主要代表是沥青混合料路面。**刚性路面**行车荷载作用下产生板体作用，抗弯拉强度大，弯沉变形很小，呈现出较大的刚性，它的**破坏取决于极限弯拉强度**。刚性路面的主要代表是水泥混凝土路面。

1	2	3

4. 填方路基：填土路基，填石路基，砌石路基，护肩路基，护脚路基。

1	2	3

5. **护肩路基**。坚硬岩石地段陡山坡上的半填半挖路基，**当填方不大**，但边坡伸出较远不易修筑时，可修筑护肩。**高度一般不超过 2m**，内外侧均**直立**，基底面以 **1∶5** 坡度向内倾斜。

1	2	3

6. 护脚路基。当山坡上的填方路基有沿斜坡下滑的倾向或为**加固、收回填方坡脚**时，可采用护脚路基。护脚由干砌片石砌筑，断面为**梯形**，**顶宽≥1m**，内外侧坡坡度可采用 1∶0.5~1∶0.75，**其高度不宜超过 5m**。

1	2	3

7. 在地面自然**横坡度大于 1∶5** 的斜坡上修筑路堤时，路堤基底应**挖台阶**，**台阶宽度≥1m，台阶底应有 2%~4% 向内倾斜的坡度**。分期修建和改建公路加宽时，**新旧路基填方边坡的衔接处，应开挖台阶**。

1	2	3

8. 土质路基填挖衔接处应采取超挖回填措施。**快速路、主干路的路基路面不宜分期修建**。

1	2	3

9. 水泥土、石灰土、二灰土只用作快速路、主干路等高级路面的底基层，稳定粒料可以作为各等级路面的基层和底基层。二灰稳定土

1	2	3

也具有明显的收缩特性,但小于水泥土和石灰土。

10. 级配碎石及级配碎砾石基层可用作各级城市道路基层和底基层,级配砂砾与级配砾石基层可用作城市次干路及其以下道路基层。

1	2	3

11. 基层的宽度应根据混凝土面层施工方式的不同,比混凝土面层每侧至少宽出 300mm(小型机具施工时)或 500mm(轨模式摊铺机施工时)或 650mm(滑模式摊铺机施工时)。

1	2	3

12. 降噪排水路面的面层结构组合一般为:上面层采用 OGFC 沥青混合料,中、下面层等采用密级配沥青混合料。

1	2	3

13. 面层是直接承受行车荷载作用、大气降水和温度变化影响的路面结构层次。面层应满足结构强度、高温稳定性、低温抗裂性、抗疲劳、抗水损害及耐磨、平整、抗滑、低噪声等表面特性的要求。

1	2	3

14. 水泥混凝土路面基层材料的选用原则:根据道路交通等级和路基抗冲刷能力来选择基层材料。特重交通宜选用贫混凝土、碾压混凝土或沥青混凝土;重交通道路宜选用水泥稳定粒料或沥青稳定碎石;中、轻交通道路宜选择水泥或石灰粉煤灰稳定粒料或级配粒料。湿润和多雨地区,繁重交通路段宜采用排水基层。

1	2	3

15. 层是直接承受行车荷载作用、大气降水和温度变化影响的路面结构层次。面层应满足结构强度、高温稳定性、低温抗裂性、抗疲劳、抗水损害及耐磨、平整、抗滑、低噪声等表面特性的要求。

1	2	3

16. 利用道路**横坡、纵坡、偏沟和雨水口**相结合,是城市道路**地面水最重要的收集方式**。

1	2	3

17. **大、中**型停车场出入口个数 **≥2 个**,**特大**型停车场出入口个数**≥3 个**,并应设置专用人行出入口,且两个机动车出入口之间的**净距≥15m**。停车场的出口与入口宜分开设置,**单向**行驶的出入口**宽度≥ 5m**,**双向**行驶的出入口**宽度≥7m**。小型停车场**只有一个出入口**时,出入口宽度**≥9m**。

1	2	3

18. 停车场。为了保证车辆在停放区内停入时不致发生自重分力引起滑溜,导致交通事故,因而要求停放场的最大纵坡坡度:与通道平行方向为**1%**,与通道垂直方向为**3%**。出入通道的最大纵坡坡度为 **7%**,一般以小于或等于 2% 为宜。停放场及通道的最小纵坡以满足雨雪水及时排除及施工可能高程误差水平为原则,坡度一般取 0.4% ~0.5% 。

1	2	3

19. 标志板应按**警告、禁令、指示**的顺序,**先强后弱,先上后下,先左后右**地排列。

1	2	3

20. 桥梁上部结构包括桥面构造(行车道、人有道、栏杆等)、桥梁跨越部分的承载结构和桥梁支座。**下部结构包括桥墩、桥台及墩台基础**。

1	2	3

21. 大桥**跨径总长 L 大于或等于 100m 且小于或等于 1 000m**，单孔跨径 L_k 大于或等于 40m 且小于或等于 150m。

1	2	3

22. 桥面纵横坡。在快速路和主干路桥上，横坡坡度宜为 2%；在次干路和支路桥上，横坡坡度宜为 1.5% ~ 2.0%，人行道上宜设置坡度为 1% ~ 2% 向车行道的单向横坡。

1	2	3

23. 防水层。桥面铺装应设置防水层，桥面防水层设置在桥面铺装层下面。圬工桥台台身背墙、拱桥拱圈顶面及侧墙背面应设置**防水层**。

1	2	3

24. 为满足桥面变形的要求，通常在**两梁端之间、梁端与桥台之间或桥梁的铰接位置**上设置伸缩缝。要求伸缩缝在平行、垂直于桥梁轴线的两个方向，均能自由伸缩。在设置伸缩缝处，栏杆与桥面铺装都要断开。① 镀锌薄钢板伸缩缝。在中小跨径的装配式简支梁桥上，当梁的变形量为 20~40mm 时常选用。②**钢伸缩缝**。只有在**温差较大**的地区或**跨径较大**的桥梁上才采用。**当跨径很大时，用梳形钢板**伸缩缝。③**橡胶**伸缩缝。在**变形量较大**的大跨度桥上，可以采用橡胶和钢板组合的伸缩缝。

1	2	3

25. **梁式桥**分为简支梁式桥、连续梁式桥、悬臂梁桥。

1	2	3

26. **拱式桥**的特点：桥跨的承载结构以拱圈或拱肋为主。拱式桥在竖向荷载作用下。**两拱脚处不仅产生竖向反力，还产生水平反力(推力)**。拱式桥对**地基要求很高**，适合建在地质和地基条件良好的桥址。

1	2	3

27. 组合体系拱桥。根据构造方式及受力特点，组合体系拱桥可分为**桁架拱桥、刚架拱桥、桁式组合拱桥和拱式组合体系桥等四大类**。

1	2	3

28. 悬索桥又称吊桥，现代悬索桥一般由**桥塔、主缆索、锚碇、吊索、加劲梁及索鞍**等主要部分组成。**桥塔是悬索桥最重要**的构件。

1	2	3

29. 斜拉桥是典型的悬索结构和梁式结构组合的，由主梁、拉索及索塔组成。**拉索是斜拉桥的主要承重构件**。

1	2	3

30. 实体桥墩由墩帽、墩身和基础组成。

1	2	3

31. **空心桥**墩：墩身**最小壁厚**，**对于钢筋混凝土不宜小于 300mm**，对于素混凝土不宜小于 500mm。

1	2	3

32. 柔**性排架桩墩**分单排架和双排架墩，是桥墩**轻型化**的途径之一。单排架墩一般适用于高度不超过 5.0m。桩墩**高度大于 5.0m** 时，为避免行车时可能发生的纵向晃动，宜设置**双排架墩**。

1	2	3

33. 重力式桥台常用的类型有 U 形桥台、埋置式桥台、八字式和耳墙式桥台。埋置式桥台不需另设翼墙,由台帽两端耳墙与路堤衔接。

1	2	3

34. **组合式桥台各部分分开受力**,常见的有锚定板式、过梁式、框架式以及桥台与挡土墙组合形式。

1	2	3

35. 单孔跨径小于 5m,多孔跨径总长小于 8m 的统称为涵洞。涵洞按构造形式不同分类可分为圆管涵、拱涵、盖板涵、箱涵等。

1	2	3

36. 洞身是涵洞的主要部分,它的截面形式有圆形、拱形、矩形(箱形)三大类。**涵洞的孔径,**应根据设**计洪水流量**、**河沟断面形态**、**地质和进出水口沟床加固形式**等条件,经**水力验算**确定。

1	2	3

37. 洞底有适当的纵坡,坡度最小值为 0.4%, 一般坡度≤5%。①洞底纵坡坡度**>5%时,**其基础底部宜每隔 3~5m 设置防滑横墙或将基础做成阶梯形;②洞底纵坡**>10%时**,涵洞洞身及基础应**分段做成阶梯形**,且前后两段涵洞盖板或拱圈的**搭接高度大于或等于其厚度的 1/4**。

1	2	3

38. 为防止由于荷载分布不均及基底土壤性质不同引起的不均匀沉陷而导致涵洞不规则的断裂,将涵洞全长分为若干段,每段之间以及洞身与端墙之间设置**沉降缝**。

1	2	3

笔记:

三、经典题型

1. 关于道路工程填方路基的说法,正确的是(　　)。

A. 砌石路基,为保证其整体性不宜设置变形缝

B. 护肩路基,其护肩的内外侧均应直立

C. 护脚路基,其护脚内外侧坡坡度宜为 1∶5

D. 用粗粒土作路基填料时,不同填料应混合填筑

答案:B

解析:砌石路基应每隔 15~20m 设伸缩缝一道。护脚路基,其护脚内外侧坡坡度宜为 1∶0.5~1∶0.75。用粗粒土作路基填料时,不同填料应分层填筑。

2. 关于道路工程填方路基的说法,正确的是(　　)。

A. 砌石路基,为保证其整体性不宜设置变形缝

B. 护肩路基,其护肩的内外侧均应直立

C. 护脚路基,其护脚内外侧坡坡度宜为 1∶5

D. 用粗粒土作路基填料时,不同填料应混合填筑

答案:B

解析:砌石路基应每隔 15~20m 设伸缩缝一道。护脚路基,其护脚内外侧坡坡度宜为 1∶0.5~1∶0.75。用粗粒土作路基填料时,不同填料应分层填筑。

3. 大跨度悬索桥的加劲梁主要用于承受(　　)。

A. 桥面荷载　　B. 横向水平力

C. 纵向水平力　　D. 主缆索荷载

答案:B

解析:加劲梁是承受风载和其他横向水平力的主要构件。大跨度悬索桥的加劲梁均为钢结构,通常采用桁架梁和箱形梁。

4. 根据地形和水流条件,涵洞的洞底纵坡坡度应为 12%,此涵洞的基础应(　　)。

A. 做成连续纵坡　　B. 在底部每隔 3~5m 设防滑横墙

C. 做成阶梯形状　　D. 分段做成阶梯型

答案:D

解析:当洞底纵坡大于 10%时,涵洞洞身及基础应分段做成阶梯型,而且前后两段涵洞盖板或拱圈的搭接高度不得小于其厚度的 1/4。

5. 涵洞沉降缝适宜设置在(　　)。

A. 涵洞和翼墙交接处　　B. 洞身范围中段

C. 进水口外缘面　　D. 端墙中心线处

答案:A

解析:为防止由于荷载分布不均及基底土壤性质不同引起的不均匀沉陷而导致涵洞不规则的断裂,将涵洞全长分为若干段,每段之间以及洞身与端墙之间设置沉降缝,使各段可以独自沉落而互不影响。

6. 道路工程中,常见的路基形式一般有(　　)。

A. 填方路基　　B. 天然路基

C. 挖方路基　　D. 半挖半填路基

E. 结构物路基

答案:ACD

解析:路基形式包括填方路基、挖方路基、半填半挖路基。

7. 停车场与通道垂直方向的纵坡坡度应(　　)。

A. 不超过 3%　　　　B. 不小于 1%

C. 不小于 3%　　　　D. 不超过 1%

答案:A

解析:为了保证车辆在停放区内停入时不致发生自重分力引起的滑溜,导致交通事故,因而要求停放场的最大纵坡与通道平行方向为 1%,与通道垂直方向为 3%。

8. 桥梁中的刚架桥,按静力结构体系可以分为(　　)。

A. 梁拱组合桥　　　　B. 桁架拱桥

C. 刚架拱桥　　　　D. 桁式组合拱桥

E. 拱式组合体系桥

答案:BCDE

解析:根据构造方式及受力特点,组合体系拱桥可分为桁架拱桥、刚架拱桥、桁式组合拱桥和拱式组合体系桥等四大类。

第三节　地下工程的分类、组成及构造

一、考试大纲及考核要点

考试大纲要求及考核要点见表 2. 3. 1。

表 2. 3. 1　考试大纲要求及考核要点

序号	考试大纲要求	考核要点
1	地下工程的分类	按地下工程的用途分类,按地下工程的存在环境及建造方式分类
2	主要地下工程组成及构造	地下交通工程、地下市政管线工程、地下工业工程、地下公共建筑工程、地下贮库工程

二、精要 · 题眼

1	2	3

1. **浅**层地下工程是指**地表至−10m** 深度空间建设的地下工程,主要用于**商业**、**文娱**和部分业务空间。

1	2	3

2. **中**层地下工程是指**−10m 至−30m** 深度空间内建设的地下工程,主要用于地下**交通**、地下**污水处理场**及城市水、电、气、通信等**公用设施**。

1	2	3

3. **深**层地下工程是指在**−30m 以下**建设的地下工程,如高速地下**交通轨道**,危险品仓**库**、冷**库**、油**库**等。

1	2	3

4. 地铁的建设投资巨大,**真正制约地下铁路建设**的因素是**经济性**问题。

5. 地铁主要服务于城市中心城区和城市总体规划确定的重点地区，申报建设地铁的城市一般公共财政预算收入应在**300**亿元以上，地区生产总值在**3 000**亿元以上，市区常住人口在**300**万人以上。

1	2	3

6. **超高峰**设计客流量为该站预测远期高峰小时客流量（或客流控制时期的高峰小时客流量）的**1.1~1.4倍**。

1	2	3

7. 地下铁路路网的基本类型有单线式、单环式、多线式、**蛛网式（最好）**、棋盘式等。

1	2	3

8. 地下道路隧道的纵坡坡度通常应**大于或等于0.3%且小于或等于≤3%**。②地下道路**隧道净空**，是指隧道衬砌内廓线所包围的空间，**它包括道路的建筑限界、通风及其他需要的断面积**。地下道路的**建筑限界包括车道、路肩、路缘带、人行道等的宽度，以及车道、人行道的净高**。道路隧道的**横断面净空，除了包括建筑限界之外，还包括通过管道、照明、防灾、监控、运行管理等附属设备所需的空间，以及富余量和施工允许误差等**。

1	2	3

9. 市政管线工程布置方式与布置原则。一般以管线覆土**深度超过1.5m作为划分深埋和浅埋**的分界线。在北方寒冷地区，由于冰冻线较深，给水、排水以及含有水分的煤气管道，需深埋敷设；而热力管道、电力、电信线路不受冰冻的影响，可以采用浅埋敷设。在南方地区，由于冰冻线不存在或较浅，给水等管道也可以浅埋，而排水管道需要有一定的坡度要求，**排水管道往往处于深埋状况**。

1	2	3

10. 市政管线一些常规做法：建筑线与红线之间的地带，用于敷设**电**缆；人行道用于敷设**热**力管网或通行式综合管道；分车带用于敷设自来**水**、污**水**、煤**气**管及照明电缆（电、热、水、气）；街道宽度**超过60m**时，自来水和污水管道都应设在**街道内两侧**。

1	2	3

11. **综合管廊**的**管线是核心和关键**；雨水管、污水管等各种重力流管线，进入综合管廊将增加综合管廊的造价，应慎重。

1	2	3

12. **干线**综合管廊主要收容城市中的各种供给主干线，但不直接为周边用户提供服务。设置在**道路中央下方**。断面尺寸**大**，覆土**深**，系统稳定且**输送量大，具有高度的安全性**。**支线**综合管廊主要收容城市中的各种供给支线，设置**在人行道下**。断面**小**，施工**费用少**，系统**稳定性安全性较高**。**小型综合管廊埋设在人行道下**，管线有电力、通信、有线电视等。断面**小**，埋深**浅**，费用**少**，维护管理**简单**。

1	2	3

13. **贮库**布置与交通的关系：①贮库最好布置在**居住用地之外，离车站不远**。②对**小城市**的贮料置，**起决定作用的是对外运输设备的位置**。③**大城市**除了**考虑**对外**交通**外，还**要考虑市内供应线的长短问题**。

1	2	3

④**大库区**/批发和燃料**总库**,必须要考**虑铁路运输**。⑤贮库**不应直接沿铁路干线两侧布置**,尤其是地下部分,最好布置在生活居住区的边缘地带,**同铁路干线有一定的距离**。

1	2	3

14. 贮库的分布与居住区、工业区的关系:①一般**危险品贮库**应布置在**离城 10km 以外的地上与地下**。②一般**食品库**布置在城市交**通干道上**,不**要在居住区内设置**;地下贮库洞口(或出入口)的周围,不能设置对环境有污染的各种贮库;**性质类似的食品贮库,尽量集中**布置在一起;**冷库**的设备多、容积大,需要铁路运输,一般多设在**郊区或码头**附近。

城市地下贮库工程布局的基本要求:①地下贮库应设置在地**质条件较好**的地区。②靠近市中心的一般性地下贮库,出入口的设置,除满足货物的进出方便外,在建筑形式上应**与周围环境相协调**。③布置在郊区的**大型贮能库、军事用地下贮库**应注意对洞口的**隐蔽性**,多布置一些绿化用地。④与**城市无多大关系**的转运贮库,应布置在**城市的下游**。⑤**有条件的**城市,应**沿江河多布置**一些贮库,但应**保证**堤岸的工程**稳定性**。

笔记:

三、经典题型

1. 影响地下铁路建设决策的主要因素是(　　)。

A. 城市交通现状　　B. 城市规模

C. 人口数量　　D. 经济实力

答案:D

解析:地铁的建设投资巨大,真正制约地下铁路建设的因素是经济性问题。

2. 以下属于地下道路的建筑限界指标的是(　　)。

A. 富余量　　B. 人行道净高

C. 施工允许误差　　D. 照明设备所需空间

答案:B

解析:地下道路的建筑限界包括车道、路肩、路缘带、人行道等的宽度以及车道、人行道的净高。

3. 设计城市地下管网时,常规做法是在人行道下方设置(　　)。

A. 热力管网　　B. 自来水管道

C. 污水管道　　D. 煤气管道

答案:A

解析:设计城市地下管网的一些常规做法:建筑物与红线之间的地带,用于敷设电缆;人行道用于敷设热力管网或通行式综合管道;分车带用于敷设自来水、污水、煤气管及照明电缆;街道宽度超过 60m 时,自来水和污水管道都应设在街道内两侧;在小区范围内,地下工程管网多数应走专门的地方。

4. 在我国,无论是南方还是北方,市政管线埋深均超过 1.5m 的是(　　)。

A. 给水管道　　B. 排水管道

C. 热力管道　　D. 电力管道

答案:B

解析:在北方寒冷地区,由于冰冻线较深,给水管道、排水管道以及含有水分的煤气管道,需深埋敷设;而热力管道、电力、电信线路不受冰冻的影响,可以浅埋敷设。在南方地区,由于冰冻线不存在或较浅,给水管道等也可以浅埋;而排水管道需要有一定的坡度要求,往往需要深埋。

5. 按照功能定位,浅埋在人行道下、空间断面较小,不设通风、监控等设备的综合管廊是(　　)。

A. 干线综合管廊　　B. 支线综合管廊

C. 缆线综合管廊　　D. 主线综合管廊

答案:C

解析:缆线共同沟,埋设在人行道下,管线有电力、通信、有线电视等,直接供应各终端用户。其特点为空间断面较小,埋深浅,建设施工费用较少,不设通风、监控等设备,在维护及管理上较为简单。

6. 一般地下食品贮库应布置在(　　)。

A. 距离城区 10km 以外

B. 距离城区 10km 以内

C. 居住区内的城市交通干道上,设置在居住区

D. 居住区外的城市交通干道上,不要设置在居住区

答案:D

解析:一般食品库布置的基本要求:应布置在城市交通干道上,不要设置在居住区。

7. 地下冷库的埋深一般不少于(　　)。

A. 10m　　B. 15m

C. 20m　　D. 30m

答案:D

解析:深层地下工程主要是指在-30m以下建设的地下工程,如高速地下交通轨道,危险品仓库、冷库、油库等。

8. 城市地下综合管廊建设中,明显增加工程造价的管线布置为(　　)。

A. 电力、电信线路　　B. 燃气管路

C. 给水管路　　D. 污水管路

答案:D

解析:共同沟也称“地下城市管道综合管廊”。共同沟中收容的各种管线是共同沟的核心和关键,共同沟发展的早期,以收容电力、电信、煤气、供水、污水为主,目前原则上各种城市管线都可以进入共同沟,如空调管线、垃圾真空运输管线等,但对于雨水管、污水管等各种重力流管线,进入共同沟将增加共同沟的造价,应慎重对待。

第三章 工程材料

第一节 建筑结构材料

一、考试大纲及考核要点

考试大纲要求及考核要点见表 3.1.1。

表 3.1.1 考试大纲要求及考核要点

序号	考试大纲要求	考核要点
1	建筑钢材	常用的建筑钢材、钢材的性能、钢材化学成分
2	胶凝材料	水泥、沥青
3	水泥混凝土	普通混凝料、普通混凝土的技术性质、普通混凝土配合比设计、特种混凝土
4	沥青混合料	材料组成与结构、沥青混合料的技术性质
5	砌筑材料	砖、砌块、砌筑砂浆

二、精要·题眼

1	2	3

1. 热轧光圆钢筋可用于中小型混凝土结构的受力钢筋或箍筋，以及作为冷加工(**冷拉、冷拔、冷轧**)的原料。热轧带肋钢筋可用于混凝土结构受力筋，以及预应力钢筋。

1	2	3

2. 冷加工钢筋常见的品种有冷拉热轧钢筋、冷轧带肋钢筋和冷拔低碳钢丝。①**冷拉热轧钢筋，冷拉可使屈服点提高**，材料变脆、屈服阶段缩短，**塑性、韧性降低**。②冷轧带肋钢筋分为 CRB550、CRB650、CRB800、CRB600H、CRB800H 五个牌号，数字代表抗拉强度特征值。**CRB550、CRB600H 为普通钢筋混凝土用钢筋。CRB650、CRB800、CRB800H 为预应力混凝土用钢筋。**CRB550 钢筋的公称直径范围为 4~12mm，CRB600H 钢筋的公称直径范围为 4~16mm，CRB650 及**以上**牌号钢筋的公称直径为 4mm、5mm、6mm。**CRB600H 应为二面肋，CRB550、CRB650 应为三面肋。**经供需双方协商，**CRB800、CRB800H 准许采用**

其他外形。**冷轧带肋**钢筋**强度高**、握裹力强、节约钢材、质量稳定，**但塑性降低，强屈比变小**。③冷拔低碳钢丝**不得作预应力钢筋使用**。作为箍筋使用时，冷拔低碳钢丝的直径不宜小于 5mm，间距不应大于 200mm。冷拔低碳钢丝只有 **CDW550** 一个牌号。

3. 预应力混凝土热处理钢筋：①热处理的方法有**退火**、**正火**、**淬火和回火**。②主要用作**预应力钢筋混凝土轨枕**，也可以用于**预应力混凝土板**、**吊车梁**等构件。

1	2	3

4. 预应力混凝土用钢丝按照加工状态分为**冷拉钢丝**和**消除应力钢丝**两类。

1	2	3

5. 预应力钢**丝**与钢**绞**线均属于冷加工强化及热处理钢材，适用于**大**荷载、**大**跨度及需要曲线配筋的预应力混凝土结构，如**大**跨度屋架、薄腹梁、吊车梁等**大**型构件的预应力结构。

1	2	3

6. **钢结构用**钢主要是热轧成型的**钢板**、**型钢**等，其中**型钢**又分**热轧**型钢和**冷弯薄壁**型钢。

1	2	3

7. 型钢的规格表示方法：工字钢用“**I**”与**高度值×腿宽度值×腰宽度值表示**，如 I 450×150×11.5（简记为 I 45a）；槽钢用“**［”与高度值×腿宽度值×腰宽度值表示**，如［200×200×24（简记为［20b）；等边角钢用“∟”与边宽度值×边宽度值×边厚宽度值表示，如∟200×200×24（简记为∟200×24）；不等边角钢用“**∟”与长边宽度值×短边宽度值×边厚宽度值表示，**如∟160×100×16。

1	2	3

8. 热轧钢板可分为**厚板（>4mm）和薄板（≤4mm）**，**厚**板可用于型钢的连接和焊接，组成钢结构**承力**构件。**薄**板用作屋面或墙面等**围护结构**。**冷轧钢板只有薄板**。

1	2	3

9. **钢管混凝土**构件直接承受动荷载或低温环境下的外露结构，不**宜采用冷弯矩形钢管**。多边形钢管可采用焊接钢管，也可采用冷成型多边形钢管。

1	2	3

10. **钢材**的主要性能包括**力学性能和工艺**性能，其中**力学性能**是钢材最重要的使用性能，包括抗**拉**性能、冲**击**性能、**硬**度、**疲**劳性能等。**工艺**性能包括**弯**曲性能和**焊**接性能等。

1	2	3

11. **强屈比越大**，反映钢材受力超过屈服点工作时的可靠性越大，因而结构的安全性越高。但强屈比太大，则反映钢材不能被有效地利用。

1	2	3

12. 冲击性能是钢材抵抗冲击载荷的能力。**脆性临界温度越低越好**。

1	2	3

13. **碳**是决定钢材性质的**重要元素**。**碳、硅、锰、钛**是有**益**元素，**硫、磷、氧、氮**是有**害**元素。磷在钢中偏析作用强烈，使钢材冷脆性增大，并显著降低钢材的可焊性。但磷可提高钢的耐磨性和耐腐蚀性，在低合金钢中可配合其他元素作为合金元素使用。

1	2	3

14. 硅酸盐水泥**初凝时间不得早于 45min**，**终凝时间不得迟于 6.5h**。普通硅酸盐水泥初凝时间不得早于 45min，终凝时间不得迟于 10h。水泥**初凝时间不合要求，该水泥报废**；终凝时间不合要求，视为不合格。**安定性不合格**的水泥不得用于工程，**应废弃**。

1	2	3

15. 水泥强度是指**胶砂**的强度。在**标准温度（20℃±1℃）**的水中养护，测 **3d 和 28d 的试件抗折和抗压强度**。

1	2	3

16. 常用的混合材料有**粒化高炉矿渣、粒化高炉矿渣粉、粉煤灰、火山灰质**混合材料、**石灰石**和**砂岩**等。

1	2	3

17. **硅酸盐**水泥适用于**快硬早强**的工程、配制高强度等级混凝土；**粉煤灰硅酸盐**水泥适用于地上、地下**水中及大体积混凝土工程**；蒸汽养护的混凝土构件；可用于一般混凝土工程；**矿渣、火山灰、粉煤灰硅酸盐水泥可用于有抗硫酸盐侵蚀要求的一般工程**。

1	2	3

18. 硅酸盐水泥和普通硅酸盐水泥**不适用**于大体积混凝土工程，**不适用**于受化学侵蚀、压力水作用及海水侵蚀的工程。矿渣硅酸盐水泥**不适用**于早期强度要求较高的工程；**不适用**于严寒地区并处在水位升降范围内的混凝土工程。火山灰质硅酸盐水泥**不适用**于处在干燥环境的混凝土工程；**不宜用**于耐磨性要求高的工程；其他同矿渣硅酸盐水泥。粉煤灰硅酸盐水泥**不适用**于有抗碳化要求的工程；其他同矿渣硅酸盐水泥。

1	2	3

19. **铝酸盐水泥**，以前称为高铝水泥，也称**矾土水泥**。早期强度高，凝结硬化快，具有**快硬、早强**的特点，水化热高，放热快且放热量集中，同时具有很强的**抗**硫**酸**盐腐蚀作用和较高的**耐热**性，但抗碱性差。可用于配制**不定型耐火材料**；与耐火粗细集料（如铬铁矿等）可制成**耐高温**的耐热混凝土；用于**工期紧急的工程**，如国防、道路和特殊**抢修**工程等；也可用于**抗硫酸盐腐蚀**的工程和**冬季**施工的工程。**不宜**用于**大体积**混凝土工程；**不能**用于与**碱**溶液接触的工程；**不得**与未硬化的**硅酸盐水泥混凝土接触**使用，**更不得**与**硅酸盐水泥或石灰**混合使用；**不能蒸汽养护**，**不宜**在**高温**季节施工。

1	2	3

20. **硫铝酸盐水泥**具有**快凝、早强、不收缩**的特点，宜用于配制**早强、抗渗**和**抗硫酸盐**侵蚀等混凝土，适用于**浆锚、喷锚支护、抢修、抗硫酸盐腐蚀、海洋**建筑等工程。**不宜**用于**高温**施工及处于高温环境的工程。

1	2	3

21. **道路硅酸盐水泥**初凝时间**不得早于1.5h**,终凝时间**不得迟于12h**。

1	2	3

22. 在石油沥青中,**油分、树脂和地沥青质**是石油沥青中的三大主要组分。

1	2	3

23. **油分**赋予沥青以流动性。树脂(沥青脂胶)赋予沥青良好的**黏结性、塑性和可流动性**。**地沥青质**是决定石油沥青**温度敏感性、黏性**的重要组成部分,**其含量愈多,则软化点愈高,黏性愈大,即愈硬脆**。蜡是石油沥青的**有害**成分。石油沥青中含有蜡,会降低石油沥青的黏结性和塑性,同时**对温度特别敏感**(即温度稳定性差)。

1	2	3

24. 石油沥青的技术性质:**防水性、黏滞性(黏性)、塑性、温度敏感性、大气稳定性**。

1	2	3

25. **土木**建筑工程中使用的石油沥青主要是**建筑**石油沥青和**道路**石油沥青。

1	2	3

重交通道路石油沥青主要用于高速公路、一级公路路面,机场道面及重要的城市道路路面工程。中、轻交通道路石油沥青主要用于一般的道路路面、车间地面等工程。

26. **改性**沥青改变沥青化学组成,使改性剂均匀分布于沥青中形成一定的**空间网络结构**。

1	2	3

27. 水泥是影响混凝土强度、耐久性及经济性的重要因素。对于**泵送**混凝土应选用硅酸盐水泥、普通硅酸盐水泥、矿渣硅酸盐水泥和粉煤灰硅酸盐水泥,**不宜采用火山灰质硅酸盐水泥**。

1	2	3

28. **砂**主要有天然砂、机制砂和混合砂三类。**天然砂包括河砂、湖砂、海砂(必须净化)和山砂**。砂按细度模数分为粗、中、细三种规格:3.7~3.1为粗砂,**3.0~2.3为中砂**,2.2~1.6为细砂。粗砂、中砂、细砂均可作为普通混凝土用砂,但以**中砂为佳**。

1	2	3

29. 建设用砂**按颗粒级配、含泥量或石粉含量、亚甲蓝(MB)值、泥块含量、有害物质、坚固性、压碎指标、片状颗粒含量分为Ⅰ类(最好)、Ⅱ类、Ⅲ类**。

1	2	3

30. 砂用量相同的情况下,若砂子过**粗**,拌制混凝土**黏聚性较差,容易出现离析、泌水**现象;若砂子过**细**,拌制混凝土黏聚性较好,不易出现离析、泌水现象,**水泥用量增大**。用**级配良好**的砂配制,**水泥浆用量少**、**节约水泥**、可**提高混凝土的和易性、密实度和强度**。

1	2	3

31. **石子连续级配比间断级配水泥用量稍多**,但其拌制的混凝土**流动性和黏聚性均较好**,是现浇混凝土中最常用的一种级配形式。

1	2	3

32. 外加剂按主要功能分类:①**改善**混凝土拌和物**流变性能**的外加剂,包括各种减**水**剂、**引**气剂和**泵**送剂等。②**调节**混凝土**凝结时间**、硬化性能的外加剂,包括**缓**凝剂、**早**强剂和**速**凝剂等。③**改善混凝土耐久性**的外加剂,包括引**气**剂、防**水**剂、防**冻**剂和阻**锈**剂等。④改善混凝土其他性能的外加剂,包括加气剂、膨胀剂、着色剂等。

1	2	3

33. **减水剂**三个作用:一是保持坍落度不变,掺减水剂可降低单位混凝土用水量,从而降低了水灰比,**提高混凝土强度**,**同时改善混凝土的密实度**,**提高耐久性**;二是保持用水量不变,掺减水剂可**增大混凝土坍落度(流动性)**;三是保持强度不变,掺减水剂可**节约水泥**用量。减水剂带用品种有普通减水剂、高效减水剂、高性能减水剂等。

1	2	3

34. **早强剂**多用于抢修工程和冬季施工的混凝土。常用的早强剂有氯盐、硫酸盐、三乙醇胺和以它们为基础的复合早强剂。**氯盐早强剂不能用于预应力混凝土结构**。

1	2	3

35. 引**气**剂及引**气**减水剂,以松**香**树脂类的松**香**热聚物的效果较好,最常使用。常在道路、桥梁、港口和大坝等工程上采用。**不用于蒸养混凝土和预应力混凝土**。

1	2	3

36. **缓凝**剂用于**大体积**混凝土、**炎热**气候条件下施工的混凝土或**长距离**运输的混凝土。最常用的缓凝剂是糖蜜和木质素磺酸钙,**糖蜜的效果最好**。

1	2	3

37. **掺硫铝酸钙膨胀剂**的混凝土,不**能用于长期处于环境温度为80℃以上的工程**;掺**硫铝酸钙类或石灰**类膨胀剂的混凝土,**不宜使用氯盐**类外加剂。

1	2	3

38. 混凝土的**抗拉强度只有抗压强度的1/20~1/10**,且**强度等级越高,该比值越小**,所以**混凝土在工作时,一般不依靠其抗拉强度**。混凝土的强度主要取决于水泥石强度及其与骨料表面的黏结强度,而水泥石强度及其与骨料的黏结强度又与水泥强度等级、水灰比及骨料性质有密切关系。此外混凝土的强度还受施工质量、养护条件及龄期的影响。

1	2	3

39. 混凝土**和易性**是一项综合技术指标,包括流**动**性、**黏**聚性、**保**水性三个主要方面。

1	2	3

40. 混凝土**耐久性**包括混凝土的抗**冻**性、抗**渗**性、抗**蚀**性及抗碳**化**能力等。

1	2	3

41. **提高**混凝土**耐久性的主要措施**:①根据工程环境及要求,**合理**选用水泥品种。②**控制**水灰比及保证**足够**的水泥用量。③选用质量良好、级配**合理**的骨料和**合理**的砂率。④掺用**合适**的外加剂。

1	2	3

42. **设计混凝土配合比**的基本要求：①满足混凝土设计的**强度**等级；②满足施工要求的混凝土**和易性**；③满足混凝土使用要求的**耐久性**；④在满足上述条件下做到节约水泥和降低混凝土**成本**。

1	2	3

43. 高性能混凝土：自密实性好；体积稳定性；强度高；水化热低；收缩量小；徐变少；耐久性好；**耐高温（火）差**。

1	2	3

44. 高强混凝土的**优点**：①可减少结构断面，降低钢筋用量，增加房屋使用面积和有效空间，减轻地基负荷。②致密坚硬，其抗渗性、抗冻性、耐蚀性、抗冲击性等诸方面性能均优于普通混凝土。③对预应力钢筋混凝土构件，高强混凝土由于刚度大、变形小，故可以施加更大的预应力和更早地施加预应力，以及减少因徐变而导致的预应力损失。

1	2	3

45. **轻骨料**混凝土按立方体抗压标准强度分为13个强度等级，按表观密度分为14个密度等级，在抗压强度相同条件下，其**干表观密度比普通混凝土低25%～50%。与同强度等级的普通混凝土相比，耐久性明显改善**。轻骨料混凝土弹性模量比普通混凝土低20%～50%，保温隔热性能较好。

1	2	3

46. **碾压混凝土是道路工程、机场工程和水利工程（大体积）**中性能好、**成本低**的新型混凝土材料。

1	2	3

47. 各类**纤维**中以**钢纤维**对**抑制**混凝土**裂缝**形成、**提高混凝土抗拉和抗弯强度、增加韧性效果最好**。

1	2	3

48. 沥青混合料是一种黏弹塑性材料，是高等级道路修筑中的一种主要路面材料，包括沥青混凝土混合料和沥青碎（砾）石混合料两类，主要由沥青、粗集料、细集料、矿粉组成。有的还加入聚合物和木纤维素拌合而成。**城镇道路面层宜优先采用A级沥青**，不宜使用煤沥青。

1	2	3

49. **悬浮密实结构**具有**较大的黏聚力**，但内**摩擦南较小，高温稳定性较差**，如普通沥青混合料（AC）。AC属于**密级配**混合料，适用于**支路及以下**道路施工。

1	2	3

骨架空隙结构内摩擦角较大，但黏聚力较小，受沥青材料性质的变化影响较小，因而**热稳定性较好**，但沥青与矿料的黏结力较小、空隙率大、耐久性较差。AM属于半升级配混合料，适用于多雨地区或需要快速排水的路段。高黏高弹改性沥青混合料**（OGFC）属于开级配混合料，适用于排水降噪路面**。

骨架密实结构内摩擦角较高，黏聚力较高（双高），密实度、强度和稳定性都较好，是一种较理想的结构类型，如沥青玛蹄脂混合料（SMA）。**SMA适合于快速路和主干路施工**。

50. 沥青混合料应具有**抗高温变形、抗低温脆裂、抗滑、耐久等技术性质以及施工和易性**。

1	2	3

51. 烧结普通砖可用作墙体材料,砌筑柱、拱、窑炉、烟囱、沟道及基础等。烧结多**孔砖主要用于六层以下建筑物的承重墙体**。**烧结空心砖多用于非承重墙**,如多层建筑内隔墙或框架结构的填充墙等。

1	2	3

53. 多孔砖孔多而小,孔洞率**≥25%,**主要用于6层以下建筑物的**承重墙体**。空心砖孔大而少,孔洞率**≥40%,**多用于多层建筑内隔墙或框架结构的填充墙等**非承重墙**。

1	2	3

54. 蒸养(压)砖,按抗压强度分为MU30、MU25、MU20、MU15、MU10五个强度等级,均**不得用于长期经受200℃高温、急冷急热或有酸性介质侵蚀的建筑部位**。当开孔方向与使用承载方向一致时,其孔洞率不宜超过10%。

1	2	3

55. **M15及以下**强度等级的砌筑砂浆宜选用**32.5**级的通用硅酸盐水泥或砌筑水泥;**M15以上**强度等级的砌筑砂浆宜选用**42.5**级通用硅酸盐水泥。

1	2	3

笔记:

三、经典题型

1. 下列热轧钢筋中,抗拉强度最高的是(   )。

A. HPB300　　B. HRB400

C. HRB600　　D. HRBF500E

答案:C

解析:抗拉强度:HRB600、HRBF500E、HRB400、HPB300依次下降。

2. 下列钢材性能技术指标,表示抗拉性能的有(   )。

A. 伸长率　　B. 硬度值

C. 屈服强度　　D. 抗拉强度

E. 冲击韧性值

答案:ACD

解析:抗拉性能是钢材的最主要性能,表征其性能的技术指标主要是屈服强度、抗拉强度和伸长率。

3. 下列关于钢材性能的说法,正确的是(　　)。

A. 强屈比可反映钢材的结构安全可靠程度

B. 影响钢材焊接性能的主要因素是内部组织的均匀性

C. 脆性临界温度越高,说明钢材的低温冲击韧性越好

D. 冷弯性能是钢材重要的力学性能

答案:A

解析:选项 B 错误,影响钢材可焊性的主要因素是化学成分及含量;选项 C 错误,发生冷脆时的温度称为脆性临界温度,其数值越低,说明钢材的低温冲击韧性越好;选项 D 错误,冷弯性能是钢材重要的工艺性能。

4. 水泥强度是指(　　)。

A. 水泥净浆的强度　　B. 水泥胶浆的强度

C. 水泥混凝土的强度　　D. 水泥砂浆砂石强度

答案:B

解析:水泥强度是指胶砂的强度而不是净浆的强度,它是评定水泥强度等级的依据。

5. 下列常用水泥中,适用于大体积混凝土工程的有(　　)。

A. 硅酸盐水泥　　B. 普通硅酸盐水泥

C. 矿渣硅酸盐水泥　　D. 火山灰硅酸盐水泥

E. 粉煤灰硅酸盐水泥

答案:CDE

解析:适用于大体积混凝土工程的有矿渣硅酸盐水泥、火山灰硅酸盐水泥、粉煤灰硅酸盐水泥。

6. 不适用于受化学侵蚀、压力水作用及海水侵蚀的工程的水泥是(　　)。

A. 硅酸盐水泥　　B. 粉煤灰硅酸盐水泥

C. 矿渣硅酸盐水泥　　D. 火山灰质硅酸盐水泥

E. 普通硅酸盐水泥

答案:AE

解析:硅酸盐水泥和普通硅酸盐水泥不适用于受化学侵蚀、压力水作用及海水侵蚀的工程。

7. 橡胶改性沥青中既具有良好的耐高温又具有优异低温特性和耐疲劳性的是(　　)。

A. 丁基橡胶　　B. 氯丁橡胶

C. SBS　　　　　　　　　　D. 再生橡胶

答案:C

解析:SBS 改性沥青具有良好的耐高温性、优异的低温柔性和耐疲劳性,是目前应用最成功和用量最大的一种改性沥青。主要用于制作防水卷材和铺筑高等级公路路面等。

8. 下列关于粗骨料颗粒级配的说法,正确的是(　　)。

A. 混凝土间断级配比连续级配和易性好

B. 混凝土连续级配比间断级配易离析

C. 相比于间断级配,混凝土连续级配适用于机械振捣流动性低的干硬性拌合物

D. 连续级配是现浇混凝土最常用的级配形式

答案:D

解析:连续级配是指颗粒的尺寸由大到小连续分级,其中每一级石子都占适当的比例。连续级配比间断级配水泥用量稍多,但其拌制的混凝土流动性和黏聚性均较好,是现浇混凝土中最常用的一种级配形式。

9. 引气剂主要能改善混凝土的(　　)。

A. 凝结时间　　　　　　　　B. 拌和物流变性能

C. 后期强度　　　　　　　　D. 早期强度

答案:B

解析:引气剂是在混凝土搅拌过程中引入大量分布均匀的稳定而密封的微小气泡,以减少拌和物泌水离析,改善和易性,同时显著提高硬化混凝土抗冻融耐久性的外加剂。

10. 在正常的水量条件下,配制泵送混凝土宜掺入适量(　　)。

A. 氯盐早强剂　　　　　　　B. 硫酸盐早强剂

C. 高效减水剂　　　　　　　D. 硫铝酸钙膨胀剂

答案:C

解析:混凝土掺入减水剂的技术经济效果:保持坍落度不变,掺减水剂可使单位混凝土用水量降低 5%~25%,提高混凝土早期强度,同时改善混凝土的密实度,提高耐久性;保持用水量不变。掺减水剂可使混凝土坍落度增大 100~200mm,能满足泵送混凝土的施工要求:保持强度不变,掺减水剂可使水泥用量节约 5%~20%。

11. 关于高性能混凝土下列说法正确的有(　　)。

A. 体积稳定性好　　　　　　B. 可减少结构断面,降低钢筋用量

C. 耐高温性好　　　　　　　D. 早期收缩率随着早期强度提高而增大

E. 具有较高的密实性和抗渗性

答案:ADE

解析:本题考查的是特种混凝土。高性能混凝土自密实性好、体积稳定性好、强度高、水化热低、收缩量小、徐变少、耐久性好、耐高温(火)差。高性能混凝土的早期强度发

展较快，而后期强度的增长率却低于普通强度混凝土。

12. 下列关于普通混凝土小型空心砌块的说法，正确的是(　　)。

A. 主规格尺寸为 390mm×190mm×90mm

B. 孔洞不得设置在受压面

C. 多用于单层或者多层工业与民用建筑的内外墙

D. 只能用于非承重墙

答案：C

解析：选项 A 错误，主规格尺寸为 390mm×190mm×190mm；选项 B 错误，其孔洞设置在受压面；选项 D 错误，可用于承重结构和非承重结构。

第二节　建筑装饰材料

一、考试大纲及考核要点

考试大纲要求及考核要点见表 3. 2. 1。

表 3. 2. 1　考试大纲要求及考核要点

序号	考试大纲要求	考核要点
1	建筑饰面材料	饰面石材、饰面陶瓷
2	建筑装饰玻璃	平板玻璃、装饰玻璃、安全玻璃、节能装饰型玻璃
3	建筑装饰涂料	建筑装饰涂料的基本组成、对外墙涂料的基本要求、对内墙涂料的基本要求、对地面涂料的基本要求
4	建筑装饰塑料	塑料的基本组成、建筑塑料装饰制品
5	建筑装饰钢材	不锈钢及其制品、轻钢龙骨、彩色压型钢板
6	建筑装饰木材	木材的含水率、木材的湿胀干缩与变形、木材的强度、木材的应用

二、精要·题眼

1	2	3

1. 花岗石板材：质地**坚硬**密实、强度高、密度大、吸水率**极低**、耐磨、**耐酸**、**抗风化**、耐久性好，使用年限长。花岗石**耐火性差**，但适宜制作火烧板。

A 类产品的产销与使用范围**不受限制**；**B 类产品**不可用于 I 类民用建筑的内饰面，**但可用于 I 类民用建筑的外饰面及其他一切建筑物的内、外饰面**；**C 类**产品只可用于**一切**建筑物的**外饰面**。

2. 花岗石板材主要应用于大型公共建筑或装饰等级要求较高的室内外装饰工程。**粗面和细面**板材常用于**室外**地面、墙面、柱面、勒脚、基座、台阶；**镜面**板材主要用于**室内外**地面、墙面、柱面、台面、台阶等，特别适宜**做大型公共建筑大厅的地面**。

1	2	3

3. **大理石**板材用于宾馆、展览馆、影剧院、商场、图书馆、机场、车站等公共建筑工程的室内柱面、地面、窗台板、服务台、电梯间门脸的饰面等，是理想的**室内高级装饰材料**。但因其**抗风化性能较差，**一般不宜用作室外装饰。

1	2	3

4. 人造饰面石材分为①**水泥型**人造石材。②**聚酯型**人造石材。③**复合型**人造石材。④**烧结型**人造石材。

1	2	3

5. 钢化玻璃（**压应力层**）机械强度高、弹性好、**热稳定性好**、碎后不易伤人，但可**发生自爆，**使用时**不能切割、磨削**。**夹丝玻璃**具有安全性、防火性和**防盗抢性**。**夹层玻璃**的透明度好，**抗冲击性能**要比一般平板玻璃高好几倍，**不能切割**，需要选用定型产品或按尺寸定制。

1	2	3

6. **中空玻璃**主要用于**保温隔热、隔声**等功能要求较高的**建筑物，如宾馆、住宅、医院、商场、写字楼**等，也广泛用于车船等交通工具。**真空玻璃**比中空玻璃有**更好**的隔热、隔声性能。

1	2	3

7. 建筑装饰涂料根据涂料中各成分的作用，其基本组成可分为**主**要成膜物质、**次**要成膜物质和**辅**助成膜物质三部分。①**主**要成膜物质尤以**合成树脂**为主。②**次**要成膜物质包括**颜料与填料**。③**辅**助成膜物质常用的溶剂有**苯、丙酮、汽油**等。

1	2	3

8. 对外墙涂料的基本要求主要起装饰和保护外墙面的作用，需要有良好的装饰性、**耐水性**、**耐候性**、耐污染性和施工及维修容易。

1	2	3

9. 对内墙涂料的基本要求：色彩丰富、细腻、调和，**耐碱性**、**耐水性**、耐粉化性良好，**透气性良好**，涂刷方便，**重涂容易**。

1	2	3

10. 塑料是以**合成树脂**为主要成分。绝大多数塑料地板属于**聚氯乙烯**塑料地板。

1	2	3

11. **PVC-U** 管使用温度**不大于 40℃**，给水管道（**非饮用水**）、排水管道、雨水管道。**PVC-C** 管（膨胀系数低）：热水管、消防水管系统、工业管道系统、**不用于饮用水**。**PP-R** 管（可燃）：**饮用水管**、**冷热水管**。**PB 管**（热膨胀系数大）：饮用水、冷热水管、**地板辐射采暖**系统的盘管。**PEX 管**（有折弯记忆性、**不可热熔连接**）：冷热水、饮用水、**地板辐射采暖**系统。

1	2	3

12. **不锈钢**是指**含铬量大于12%**的铁基合金钢。

1	2	3

13. 木材的**强度**排序：**顺**纹抗**拉**强度>**抗弯**强度>**顺**纹抗**压**强度。

1	2	3

笔记：

三、经典题型

1. 下列关于大理石特性的说法，正确的有（　　）

A. 属于典型的岩浆岩

B. 由石灰岩或白云岩变质而成

C. 抗风化能力较差

D. 质地坚硬

E. 材质细腻，极富装饰性

答案：BCE

解析：选项A错误，大理石是将大理石荒料经锯切、研磨、抛光而成的高级室内外装饰材料，属于变质岩，由石灰岩或白云岩变质而成。选项D错误，大理石质地较密实、抗压强度较高、吸水率低、质地较软，属中硬石材。

2. 关于饰面陶瓷，下列说法中正确的是（　　）。

A. 瓷质砖由瓷土或优质陶土烧制

B. 釉面砖表面平整，坚固耐用，少用于室内

C. 马赛克表面分无釉与有釉

D. 墙地砖的防火、防水差，不适用室外

答案：C

解析：选项A错误，釉面砖是由瓷土或优质陶土煅烧而成；选项B错误，釉面砖具有表面平整、光滑，坚固耐用，色彩鲜艳，易于清洁，防火、防水、耐磨、耐腐蚀等特点，但不应用于室外；选项D错误，墙地砖是以品质均匀、耐火度较高的黏土作为原料，经压制成型，在高温下烧制而成，具有坚固耐用，易清洗、防火、防水、耐磨、耐腐蚀等特点。

3. 下列玻璃中，银行柜台遮挡部位应采用（　　）。

A. 防火玻璃

B. 钢化玻璃

C. 夹丝玻璃

D. 镀膜玻璃

答案：C

解析：夹丝玻璃应用于建筑的天窗、采光屋顶、阳台及需有防盗、防抢功能要求的营业柜台的遮挡部位。

4. 钢化玻璃是用物理或化学方法,在玻璃表面上形成一个(　　)。

A. 压应力层　　B. 拉应力层

C. 防脆裂层　　D. 刚性氧化层

答案:A

解析:钢化玻璃是用物理或化学的方法,在玻璃的表面上形成一个压应力层,而内部处于较大的拉应力状态,内外拉压应力处于平衡状态。

5. 塑料的主要组成材料是(　　)。

A. 玻璃纤维　　B. 乙二胺

C. DBP 和 DOP　　D. 合成树脂

答案:D

解析:合成树脂是塑料的主要组成材料。

6. 天然花岗石板中的粗面和细面板,常用于(　　)。

A. 室内地面　　B. 柱面和檐口

C. 室外地面　　D. 室内墙面

答案:C

解析:花岗石因不易风化,外观色泽可保持百年以上,所以粗面和细面板材常用于室外地面、墙面、柱面、勒脚、基座、台阶。

7. 与内墙及地面涂料相比,对外墙涂料更应注重(　　)。

A. 耐候性　　B. 耐碱性

C. 透气性　　D. 耐风化性

答案:A

解析:与内墙及地面涂料相比,对外墙涂料更应注重耐候性。

8. 外墙涂料应满足的基本要求有(　　)。

A. 耐候性良好　　B. 透气性良好

C. 耐磨性良好　　D. 抗冲击性良好

E. 耐污染性良好

答案:AE

解析:对外墙涂料、内墙涂料、地面涂料的基本要求。

9. 下列可做饮用水管的是(　　)。

A. 丁烯管　　B. 硬聚氯乙烯管

C. 交联聚乙烯管　　D. 氯化聚氯乙烯管

E. 无规共聚聚丙烯管

答案:ACE

解析:选项 A,丁烯(PB)管具有较高的强度、韧性好、无毒、易燃、热胀系辐射采暖系统的盘管;主要应用于饮用水、冷热水管。选项B,硬聚氯乙烯(PVC-U)主要应用于给水管道(非饮用水)、排水管道、雨水管道。选项C,交联聚乙烯(PEX)管可输送冷水、热水、饮用水及其他液体,主要应用于地板辐射采暖系统的盘管。选项D,氯化聚氯乙烯(PVC-C)管,安装附件有毒性,一般不用于饮用水管道系统。选项E,无规共聚聚丙烯(PP-R)管具有无毒,无害,不生锈,不腐蚀,主要应用于饮用水管、冷热水管。

10. 以下关于木材的强度,说法正确的是(　　)。

A. 顺纹抗拉强度>抗弯强度>顺纹抗压强度

B. 顺纹抗拉强度>顺纹抗压强度>抗弯强度

C. 抗弯强度>顺纹抗拉强度>顺纹抗压强度

D. 抗弯强度>顺纹抗压强度>顺纹抗拉强度

答案:A

解析:木材的强度:顺纹抗拉强度>抗弯强度>顺纹抗压强度。

第三节　建筑功能材料

一、考试大纲及考核要点

考试大纲要求及考核要点见表3.3.1。

表3.3.1　考试大纲要求及考核要点

序号	考试大纲要求	考核要点
2	保温隔热材料	纤维状绝热材料、多孔状绝热材料、有机绝热材料、保温材料的燃烧性能等级要求
3	吸声隔声材料	吸声材料、隔声材料
4	防火材料	防火材料涂料、堵料

二、精要·题眼

1. **SBS**改性沥青防水卷材适用于各类防水防潮工程,尤其是**寒冷**地区和结构**变形频繁**的建筑物防水,并可采用热熔法施工。

1	2	3

2. **APP**改性沥青防水卷材用于各类防水防潮工程,尤其是**高温**或有**强烈太阳辐射**地区。

1	2	3

3. **沥青复合胎**柔性防水卷材适用于工业与民用建筑的**屋面**、**地下室**、**卫生间**等部位的防水防潮,也可用**桥梁**、**停车场**、**隧道**等建筑物的防水。

1	2	3

4. **三元乙丙**(EPDM)橡胶防水卷材有优良的耐候性、耐臭氧性和耐热性,广泛适用于**防水要求高**、**耐用年限长**的土木建筑工程的防水。

1	2	3

5. **聚氯乙烯**(PVC)防水卷材尺度稳定性、耐热性、耐腐蚀性、**耐细菌性**等均较好,适用于各类**建筑的**屋面防水工程和水池、堤坝等防水抗渗工程。

1	2	3

6. **氯化聚乙烯**防水卷材适用于各类**工业**、**民用建筑的**屋面防水、地下防水、防潮隔气、室内墙地面防潮、地下室卫生间的防水,**以及冶金**、**化工**、**水利**、**环保**、**采矿业防水防渗工程防水防渗工程**。

1	2	3

7. 氯化聚乙烯-橡胶**共混**型防水卷材具有氯化聚乙烯所特有的高强度和优异的**耐臭氧**、**耐老化**性能,而且具有**橡胶**类材料所特有的**高弹性**、**高延伸性和良好的低温柔性**。因此,该类卷材特别适用于**寒冷**地区或**变形较大**的土木建筑防水工程。

1	2	3

8. **防水涂料**广泛适用于工业与民用建筑的屋面防水工程、地下室防水工程和地面防潮、防渗等,**特别适合各种不规则部位的防水**。

1	2	3

9. **丙烯酸**类密封膏**不宜**用于广场、公路、桥面等有**交通来往**的接缝中,也**不宜用**于水池、污水处理厂、灌溉系统、堤坝等**水下接缝**中。**聚氨酯**密封膏**尤其适用于游泳池**工程。它还是公路及机场跑道的补缝、接缝的好材料,也可用于玻璃、金属材料的嵌缝。

1	2	3

10. **纤维状**绝热材料:**矿物棉**(**600℃**、吸水性大、弹性小)可用作建筑物的墙体、屋顶、天花板等处的保温隔热和**吸声**材料,以及热力管道的保温材料。**石棉(500~600℃)**中的粉尘对人体有害、因而民用建筑很少使用,目前主要用于工业建筑的隔热、保温及防火覆盖等。**玻璃棉(400℃)**主要应用于温度较低的热力设备和房屋建筑中的保温隔热。**陶瓷纤维(1 100~1 350℃)**制品重量轻、耐高温、热稳定性好、导热率低、比热小及耐机械振动等优点的工业制品,专门用于各种高温,高压,易磨损的环境中。

1	2	3

11. **多孔**状绝热材料。**膨胀蛭石(100~1 100℃吸水)**:可松散铺设,也可与水泥、水玻璃等胶凝材料配合,浇注成板,用于墙、楼板和屋面板等构件的绝热,使用时注意防潮。**膨胀珍珠岩(不大于600℃)**:以膨胀珍珠岩为主,配合适量胶凝材料,经搅拌成型养护后而制成的一定形状的板、块、管壳等制品称为膨胀珍珠岩制品。**玻化微珠**:**保温砂浆**以玻化微珠为轻质骨料,与玻化微珠保温胶粉料按照一定的比例搅拌均匀混合而成,用于外墙内外保温的一种新型无机保温砂浆材料。泡沫玻璃:**最高使用温度500℃**,是一种**高级**保温绝热材料,可用于**砌筑墙体**或**冷库隔热**。

1	2	3

12. **XPS** 板是目前建筑业界常用的隔热、防潮材料，已被广泛应用于**墙体**保温，**平面**混凝土屋顶及钢结构**屋顶**的保温、**低温储藏**、**地面**、**泊车平台**、**机场跑道**、**高速公路**等领域的防潮保温及控制地面膨胀等方面。

1	2	3

13. 吸声材料：①**薄板振动**吸声结构具有**低频**吸声特性，同时还有助于声波的扩散。②**柔性**吸声结构在一定的频率范围内出现**一个或多个**吸收频率。③**悬挂**空间吸声结构，**空间吸声体**有平板形、球形、椭圆形和棱锥形等。④**帘幕**吸声结构对**中、高频**都有一定的吸声效果。

1	2	3

14. **薄型和超薄型防火涂料的耐火极限**一般与涂层厚度无关，而**与膨胀后的发泡层厚度有关**。

1	2	3

15. **有机**防火堵料**又称可塑**性防火堵料，使用过程长期不硬化，可塑性好，**尤其适合需要经常更换或增减电缆、管道的场合**。

1	2	3

无机防火堵料又称**速固**型防火堵料，具有无毒无味、**固化快速**，耐火极限与**力学强度较高**，能承受一定重量，又有一定可拆性的特点。无机防火堵料有较好的防火和水密、气密性能，**主要用于封堵后基本不变的场合**。**防火包又称耐火包或阻火包**，适合于**较大孔洞**的防火封堵或电缆桥架防火分隔，施工操作和更换较为方便，**适合需经常更换或增减电缆管道的场合**。

笔记：

三、经典题型

1. 防水要求高和耐用年限长的土木建筑工程，防水材料应优先选用(　　)。

A. 三元乙丙橡胶防水卷材　　B. 聚氯乙烯防水卷材

C. 氯化聚乙烯防水卷材　　D. 沥青复合胎柔性防水卷材

答案：A

解析：三元乙丙橡胶防水卷材广泛适用于防水要求高、耐用年限长的土木建筑工程的防水。

2. 下列纤维状绝热材料中,最高使用温度限值最低的是(　　)。

A. 岩棉　　B. 石棉

C. 玻璃棉　　D. 陶瓷纤维

答案:C

解析:岩棉最高使用温度约 600℃;石棉最高使用温度可达 500~600℃;玻璃棉最高使用温度 400℃;陶瓷纤维最高使用温度为 1 100~1 350℃,故玻璃棉最低。

3. 保温材料中,(　　)在民用建筑很少使用,主要用于工业建筑的隔热,保温及防火覆盖等。

A. 岩棉及矿渣棉　　B. 玻璃棉

C. 玻化微珠　　D. 石棉

答案:D

解析:由于石棉中的粉尘对人体有害,因而民用建筑很少使用,主要用于工业建筑的隔热,保温及防火覆盖等。

4. 下列关于保温隔热材料的说法,正确的是(　　)。

A. 装饰材料按导热性能分为 A、B_1、B_2、B_3 四个等级

B. 建筑外保温系统严禁使用 B_2 级保温材料

C. 建筑内保温系统严禁使用 B_2 级保温材料

D. 建筑防火隔离带应采用 A 级防火材料,其宽度不应小于 300mm

答案:D

解析:选项 A 错误,装饰材料按其燃烧性能划分为 A(不燃性)、B_1(难燃性)、B_2(可燃性)、B_3(易燃性)四个等级;选项 B、C 错误,建筑内、外保温系统,宜采用燃烧性能为 A 级的保温材料,不宜采用 B_2 级保温材料,严禁采用 B_3 级保温材料;选项 D 错误,防火隔离带应采用燃烧性能等级为 A 级的材料,防火隔离带的宽度不应小于 300mm。

5. 下列关于玻化微珠的描述,错误的是(　　)。

A. 是一种酸性玻璃质溶岩矿物质　　B. 内部密实,表面玻化封闭

C. 吸水率低,易分散　　D. 有防火,吸声隔热等性能

答案:B

解析:玻化微珠是一种酸性玻璃质溶岩矿物质,内部多孔,表面玻化封闭,呈球状体细径颗粒。吸水率低,易分散,可提高砂浆的流动性,还有防火、吸声隔热的性能。

6. 下列关于防火材料的说法,正确的有(　　)。

A. 薄型和超薄型防火涂料的耐火极限与膨胀后的发泡层厚度有关

B. 厚型防火涂料的耐火极限与膨涂层厚度有关

C. 根据其涂层厚度和耐火极限又可分为厚质型、薄型和超薄型三类

D. 有机防火堵料可塑性好,容易封堵各种不规则形状的孔洞

E. 无机防火堵料固化速度慢,耐火极限高

答案:ACD

解析:本题考查的是防火材料。钢结构防火涂料根据其使用场合两分为室内用和室外用两类,根据其涂层厚度和耐火极限又可分为厚质型、薄型和超薄型三类。有机防火堵料在使用过程中长期不硬化,可塑性好,容易封堵各种不规则形状的孔洞,能够重复使用。无机防火堵料具有无毒无味、固化快速,耐火极限与力学强度较高,能承受一定重量,又有一定可拆性的特点。

第四章　工程施工技术

第一节　建筑工程施工技术

一、考试大纲及考核要点

考试大纲要求及考核要点见表 4.1.1。

表 4.1.1　考试大纲要求及考核要点

序号	考试大纲要求	考核要点
1	地基与基础工程施工技术	地基加固处理、桩基础施工
2	主体结构工程施工技术	砌体结构工程施工、混凝土结构工程施工、预应力混凝土工程施工、钢结构工程施工、结构吊装工程施工
3	防水工程施工技术	屋面防水工程施工，地下防水工程施工，楼层、厕浴间、厨房间防水施工
4	节能工程施工技术	墙体节能工程、屋面保温工程
5	装饰装修工程施工技术	抹灰工程、吊顶工程、轻质隔墙工程、墙面铺装工程、涂饰工程、地面工程、幕墙工程

二、精要·题眼

1. 湿度小的黏性土挖土深度小于 3m 时，可用**间断式水平挡土板**支撑；对松散、湿度大的土可用**连续式水平挡土板**支撑，挖土深度可达 5m。对松散和湿度很高的土可用**垂直挡土板**式支撑，其挖土深度不限。

1	2	3

2. 重力式支护结构开挖深度**不宜大于 7m**。

1	2	3

3. 板式支护结构由两大系统组成：**挡墙系统和支撑（或拉锚）系统**。**悬臂**式板桩支护结构则**不设支撑（或拉锚）**。

1	2	3

4. 各种井点的适用范围见表 4.1.2。

1	2	3

表 4.1.2　各种井点的适用范围

井点类别	土的渗透系数/(m/d)	降低水位深度/m
单级轻型井点	0.005~20	<6

续表 4.1.2

井点类别	土的渗透系数/(m/d)	降低水位深度/m
多级轻型井点	0.005~20	<20
喷射井点	0.005~20	<**20**
电渗井点	<**0.1**	根据选用的井点确定
管井井点	0.1~**200**	不限
深井井点	0.1~**200**	>15

5. 轻型井点布置:单排布置适用于基坑、槽宽度小于 6m 且降水深度不超过 5m 的情况。双排布置适用于基坑宽度大于 6m 或土质不良的情况。环形布置适用于大面积基坑。**U 形布置,则井点管不封闭的一段**应设在地下水的**下游**方向。

1	2	3

6. 喷射井点的平面布置:当基坑宽度**小于或等于 10m** 时,井点可做**单排**布置;当**大于 10m** 时,可做**双排**布置;当基坑**面积较大**时,宜采用**环形**布置。井点间距一般采用 2~3m,每套喷射井点宜控制在 20~30 根井管。

1	2	3

7. **电渗**井点在**饱和黏土中,特别是淤泥和淤泥质黏土**中适用。

1	2	3

8. 深井井点一般可降低水位 30~40m,有的甚至可达百米以上。

1	2	3

9. 在土的**渗透系数大、地下水量大**的土层中,宜采用**管井**井点。

1	2	3

10. 推土机下坡推土法:①分批集中,一次推送法;并列推土法:②**并列**台数宜为**两台或三台**,不宜超过 4 台,否则相互影响;③沟槽推土法;④斜角推土法。经济运距在 **100m 以内,以 30~60m 为最佳运距**。

1	2	3

11. 铲运机的特点是能独立完成铲土、运土、卸土、填筑、压实等工作,对行驶道路要求较低,行驶速度快,操纵灵活,运转方便,生产效率高。常用于坡度在 20°以内的大面积**场地平整**,开挖大型基坑、沟槽,以及填筑路基等土方工程。铲运机可在Ⅰ~Ⅲ类土中直接挖土、运土,适宜运距为 600~1 500m,当运距为 200~350m 时效率最高。铲运机的开行路线:①**环形路线**。施工地段较**短**、地形**起伏不大**的挖、填工程,适宜采用环形路线。②**8 字**形路线。对于挖、填相邻、地形**起伏较大**,且工作地段**较长**的情况,可采用 8 字形路线。

1	2	3

12. 单斗挖掘机施工:①**正产挖掘机(前进向上、强制切土)**;②**反铲挖掘机(后退向下、强制切土)**;③**拉铲挖掘机**(后退向下、自重切土,适宜开挖**大**型基坑及**水下**挖土);④**抓铲挖掘机**(直上直下、自**重**切土,特别适于**水下**挖土)。

1	2	3

13. 填方宜采用同类土填筑,如采用不同透水性的土分层填筑时,**下层**宜填筑**透水性较大**、上层宜填筑透水性较小的填料;填筑应由下至上分层铺填,分层压(夯)实,分层厚度及压(夯)实数,根据压(夯)实机械、密实度要求、填料种类及含水量确定。**不能**作填土:淤泥、冻土、膨胀性土及**有机物**含量大于**5%**的土,以及**硫酸盐**含量大于**5%**的土。

1	2	3

14. **换填**地基法:**灰土地基**适用于加固深 1~4m 厚的软弱土、**湿陷性黄土**、杂填土等,还可用作**结构的辅助防渗层**。**砂和砂石地基**(垫层)适于处理 3.0m 以内的软弱、透水性强的黏性土地基,包括淤泥、淤泥质土;**不宜**用于**加固湿陷性黄土**地基及渗透系数小的黏性土地基。**粉煤灰**是火力发电厂的工业废料可用于作各种软弱土层换填地基的处理,以及作**大面积**地坪的垫层等。

1	2	3

15. 夯实地基法:**重锤夯**实法适用于地下水距地面 0.8m 以上的**稍湿**的黏土、砂土、湿陷性黄土、杂填土和分层填土,**不宜**用于有效夯实深度内存在**软黏土**层时。**强夯法**(大于建筑物基础范围)适用于加固碎石土、砂土、低饱和度粉土、黏性土、湿陷性黄土、高填土、杂填土以及"围海造地"地基、工业废渣、垃圾地基等的处理;也可用于防止粉土及粉砂的液化,消除或降低大孔土的湿陷性等级;对于高饱和度淤泥、软黏土、泥炭、沼泽土,如采取一定技术措施也可采用,还可用于水下夯实。**不允许**对工程周围建筑物和设备有一定**振动影响**的地基加固**不得用**。

1	2	3

16. **预压**地基又称排水固结法地基,适用于处理道路、仓库、罐体、飞机跑道、港口等各类**大面积淤泥质土、淤泥及冲填土等饱和黏性土地基**。

1	2	3

17. **振冲碎石桩**桩体材料可采用含泥量不大于**5%**的碎石、卵石、矿渣或其他性能稳定的**硬质材料,不宜使用风化易碎的石料**。**沉管砂石桩**桩体材料可用含泥量不大于**5%**的碎石、卵石、角砾、圆砾、砾砂、粗砂、中砂或石屑等**硬质材料**。

1	2	3

18. **旋喷桩**复合地基适用于处理**淤泥、淤泥质土、黏性土(流塑、软塑和可塑)、粉土、砂土、黄土、素填土和碎石土**等地基。旋喷桩施工应根据工程需要和土质条件选用单管法、双管法和三管法;旋喷桩加固体形状可分为柱状、壁状、条状或块状。单管法、双管法、三管法的施工程序基本一致,都是**先把钻杆插入或打进预定土层中,自下而上进行喷射作业**。

1	2	3

19. 灰土挤密桩和土挤密桩复合地基适用于处理**地下水位以上**的粉土、黏性土、素填土、杂填土和湿陷性黄土等地基，地基处理的深度宜为 3～15m。当以**消除地基土的湿陷性**为主要目的时，可选用**土挤密桩**；当以**提高地基土的承载力或增强其水稳性**为主要目的时，宜选用**灰土挤密桩**。当地基土的**含水量大于 24%、饱和度大于 65%时**，应通过**试验**确定其适用性。

1	2	3

20. 柱锤冲扩桩复合地基：**地基处理深度不宜超过 10m**，复合地基承载力特征值不宜超过 160kPa。

1	2	3

21. 钢筋混凝土预制桩采用重叠法预制，**重叠层数≤4 层**，在混凝土达到 **30%可以浇上层混凝土**，设计强度的 **70%**方可**起吊**；达到 **100%方可运输和打桩**。堆放层数不宜超过 4 层。不同规格的桩应分别堆放。

1	2	3

22. 锤击沉桩法宜采用**“重锤低击”**，**锤重大于桩重的 1.5～2.0 倍对效果好**，当**桩重大于 2t** 时，可采用比桩轻的桩锤，但亦不**能小于桩重的 75%**。

1	2	3

23. 锤击法施工**打桩顺序：先内后外，先难后易**。

1	2	3

24. **振动**沉桩适用于**砂土**、砂质黏土、亚黏土层，在含水砂层中的效果更为显著。在沙砾层中尚需配以水冲法。优点：设备构造简单，使用方便，效能高，所消耗的动力少，附属机具设备也少。缺点：适用范围较窄，**不宜用于黏性土以及土层中夹有孤石的情况**。

1	2	3

25. 常用的**接桩**方法有**焊接、法兰或硫黄胶泥锚接**。前两种接桩方法适用于各类土层；后者只适用于软弱土层。**焊接接桩应用最多**。

1	2	3

26. **钢管桩**具有重量轻、刚性好，承载力高，桩长易于调节，排土量小，**对邻近建筑物影响小**，接头连接简单，工程质量可靠，施工速度快的优点。但钢管桩也存在钢材用量大，工程造价较高；打桩机具设备较复杂，振动和噪声较大；桩材保护不善、易腐蚀等缺点。

1	2	3

27. **正循环**钻孔灌注桩适用于黏性土、砂土、强风化、中等到微风化岩石，可用于桩径小于 **1.5m**、孔深一般小于或等于 **50m** 的场地。

1	2	3

反循环钻孔灌注桩适用于黏性土、砂土、细粒碎石土及强风化、中等～微风化岩石，可用于桩径小于 **2.0m**、孔深一般小于或等于 **60m** 的场地。

钻孔扩底灌注桩适用于黏性土、砂土、细粒碎石土及全风化、强风化、中等风化岩石时，孔深一般小于或等于 **40m**。

冲击成孔灌注桩适用于黏性土、砂土、碎石土和**各种岩层**。对**厚砂层软塑～流塑状态的淤泥及淤泥质土应慎重使用**。

28. **套管成孔**灌注桩施工可选用单打法、复打法、反插法。

1	2	3

29. **爆扩**成孔灌注桩又称爆扩桩，**由桩柱和扩大头两部分组成**。除**软土**和**新填土**外，其他各种土层中均可使用。

1	2	3

30. **钻孔压灌桩**振动小，噪声低；由于高压注浆对周围地层有明显的渗透、加固挤密作用，可解决断桩、缩颈、桩底虚土等问题，还有局部膨胀扩径现象，**提高承载力**；因不用泥浆护壁，就**没有因大量泥浆制备和处理带来的污染环境**、影响施工速度和质量等弊端；施工速度快、工期短；单桩**承载力较高**。

1	2	3

31. **钻孔压灌桩**利用固定在钢筋笼上的塑料管或钢管进行**二次注浆**，此工序与首次注浆间隔不得超过 45min，二次注浆通常要多次反复，最后一次补浆必须在水泥浆接近**终凝前**完成，注浆完成后立即拔管洗净备用。

1	2	3

32. 灌注桩后压浆施工技术主要有桩底后压浆、桩侧后压浆、复式压浆（桩底和桩侧同时后压浆）三类。

1	2	3

33. 静钻根植桩适用于：**地基中夹层多**，存在软硬变化较大的土层或风化不均的岩层，**场地临近有建（构）筑物或地下管线**等情形，需控制挤土效应；**周边环境对泥浆排放限制**较严格。

1	2	3

34. 砌筑砂浆试块强度验收时，其强度合格标准应符合下列规定：①同一验收批砂浆试块强度平均值应大于或等于设计强度等级值的 **1.1 倍**；②同一验收批砂浆试块抗压强度的最小一组平均值应大于或等于设计强度等级值的 **85%**。

1	2	3

35. 砖砌体的转角处和交接处应同时砌筑，严禁无可靠措施的内外墙分砌施工。在抗震设防烈度为 8 度及以上地区，对不能同时砌筑而又必须留置的临时间断处应砌成**斜槎，普通砖砌体斜槎水平投影长度不应小于高度的 2/3，多孔砖砌体的斜槎水平投影长度不应小于高度的 1/2**。斜槎高度不得超过一步脚手架的高度。

1	2	3

36. 非抗震设防及抗震设防烈度为 6 度、7 度地区的临时间断处，当不能留斜槎时，除转角外，可留直槎，但**直槎**必须**做成凸槎**且应加设拉结筋。**拉结钢筋**应符合下列规定：①每 120mm 墙厚放置 $1\phi6$ 拉结钢筋（240mm 厚墙应放置 $2\phi6$ 拉结钢筋）；②**间距**沿墙高不应超过 **500mm**，且竖向间距偏差不应超过 100mm；③埋入长度从留槎处算起每边均不应小于 500mm，**对抗震设防烈度 6 度、7 度的地区，不应小于 1 000mm**；④末端应有 90°弯钩。

1	2	3

37. 在厨房、卫生间、浴室等处采用轻骨料混凝土小型空心砌块、

蒸压加气混凝土砌块砌筑墙体时，墙底部宜现浇混凝土**坎台，其高度宜为 150mm**。

1	2	3

38. 填充墙砌体砌筑，应待承重主体结构检验批验收合格后进行。**填充墙与承重主体结构间的空（缝）隙部位施工，**应在填充墙砌筑 **14d 后**进行。

1	2	3

39. 作业脚手架应按设计计算和构造要求设置**连墙件**，并应符合下列要求：①**连墙件**应采用**能承受压力和拉力的**刚性构件，并应与工程结构和架体连接牢固；②**连墙点**的**水平间距不得超过 3 跨**，竖向间距**不得超过 3 步，**连墙点之上架体的悬臂高度**不应超过 2 步**；③在架体的转角处、开口型作业脚手架端部应增设连墙件，**连墙件竖向间距不应大于建筑物层高，且不应大于 4m**。

1	2	3

40. 钢筋代换分为**等强度代换和等面积代换**。钢筋代换时，应征得**设计单位的同意**并办理相应设计变更文件。当进行钢筋代换时，除应符合设计要求的钢筋延伸率、构件承载力、裂缝宽度、挠度控制以及抗震规定以外，尚应满足最小配筋率、钢筋间距、保护层厚度、钢筋锚固长度、接头面积百分率及搭接长度等构造要求。

1	2	3

41. 当采用冷拉方法调直时，HPB300 光圆钢筋的冷拉率不宜大于 **4%；**HRB400、HRB500、HRBF400、HRBF500 及 RRB400 带肋钢筋的冷拉率不宜大于 **1%**。

1	2	3

42. 钢筋下料剪断可用钢筋剪切机或手动剪切器。手动剪切器一般只用于剪切直径小于 **12mm** 的钢筋；**钢筋剪切机**可剪切直径**小于 40mm** 的钢筋；直径**大于 40mm** 的钢筋**则需用锯床锯断或用氧乙炔焰或电弧割切**。采用**机械连接**工艺的钢筋加工，**不得使用剪切式钢筋切断机，可使用数控激光切割机、等离子切割机等设备**。

1	2	3

43. 钢筋的连接方法有**焊接**连接、**绑扎搭接**连接和**机械**连接。

1	2	3

44. 钢筋的**接头**宜设置在**受力较小**处。同一纵向受力钢筋**不宜**设置**两个或两个以上**接头，接头末端至钢筋弯起点的距离不应小于钢筋直径的 10 倍。当**受力钢筋**采用**机械连接接头**或**焊接接头**时，设置在**同一构件内的接头宜相互错开**。

1	2	3

45. **电阻点焊**主要用于**小直径钢筋的交叉连接，**如用来焊接钢筋骨架、钢筋网中交叉钢筋的焊接。焊接钢筋骨架，较小钢筋直径不大于 10mm 时，大小钢筋直径之比不宜大于 3；较小钢筋直径为 12～16mm 时，大小钢筋直径之比不宜大于 2；焊接钢筋网，较小钢筋直径不得小于较大钢筋直径的 60%。

46. **绑扎搭接**连接，搭接钢筋接头除应满足接头百分率的要求外，还宜**交错式布置**，相邻钢筋接头不应连续布置；如钢筋**直径相同，接头面积百分率为50%时隔一搭一，接头面积百分率为25%时隔三搭一**。框架梁中**架立筋与纵筋搭接时**，搭接位置**至少应有一道箍筋同搭接的两根钢筋绑扎**。

1	2	3

47. **滑升**模板适用于现场浇筑**高耸**的构筑物和**高层**建筑物等。用滑升模板施工，可以节约模板和支撑材料、加快施工速度和保证结构的整体性。但模板一次性**投资多**、耗钢量大。**爬升模板是剪力墙体系和筒体体系**的钢筋混凝土结构高层建筑的一种有效的模板体系。**台模**是一种大型工具式模板，主要用于浇筑**平板式或带边梁的楼板**。

1	2	3

48. 对跨度不小于4m的钢筋混凝土梁、板，其**模板**应按设计要求**起拱**；当设计无具体要求时，**起拱高度宜为跨度的1/1 000～3/1 000**。

1	2	3

49. 模板的拆除顺序一般是**先拆非承重模板，后拆承重模板；先拆侧模板，后拆底模板**。框架结构模板的拆除顺序一般是**柱、楼板、梁侧模、梁底模**。

1	2	3

50. 自落式搅拌机适用于搅拌塑性混凝土。**强制式宜于搅拌干硬性和轻骨料混凝土**。

1	2	3

51. 混凝土粗骨料最大粒径**不大于25mm**时，可采用内径**不小于125mm**的输送泵管；混凝土粗骨料最大粒径**不大于40mm**时，可采用内径**不小于150mm**的输送泵管。输送泵管安装接头应严密，输送泵管道转向宜平缓。输送泵管应采用支架固定，支架应与结构牢固连接，输送泵管转向处支架应加密。

1	2	3

52. **柱、墙混凝土设计强度等级高于梁、板混凝土设计强度等级时**，混凝土浇筑应符合下列规定：①柱、墙混凝土设计强度等级比梁、板混凝土设计强度等级时**高一个等级**时，柱、墙位置梁、板高度范围内的混凝土经设计单位确认，可采用与梁、板混凝土设计强度等级相同的混凝土进行浇筑。②高柱、墙混凝土设计强度等级比梁、板混凝土设计强度等级时**高两个等级**时，应在交界区域采取分隔措施；分隔位置应在低强度等级的构件中，距离高强度等级构件边缘不应小于500mm，且不应小于1/2梁高。③**宜先浇筑强度等级高的混凝土，后浇筑强度等级低的混凝土**。

1	2	3

53. 混凝土强度未达到**$1.2N/mm^2$**前，不得在其上踩踏、堆放荷载、安装模板及支架。

1	2	3

54. 当日平均气温达到**30℃**及以上时，应按**高温施工**要求采取措施。

1	2	3

55. 在预应力混凝土结构中，预应力混凝土楼板结构的混凝土强度等级**不应低于 C30**，其他预应力混凝土结构构件的混凝土强度等级**不应低于 C40**。

1	2	3

56. **先张法**多用于预制构件厂生产定型的**中小型构件**，也常用于生产预应力桥跨结构等。建立张拉程序的目的是为了减少预应力的松弛损失。当设计无具体要求时，不应低于设计的混凝土立方体抗压强度标准值的 **75%**，先张法预应力筋放张时**不应低于 30MPa**。

1	2	3

57. 先张法工艺流程：预应力钢筋制作→**支底模**，安放骨架及预应力钢筋→张拉预应力钢筋→支侧模，安放预埋件→浇筑混凝土→养护→拆模→**放松预应力钢筋**→构件吊起、堆放。

1	2	3

58. 大跨度结构**整体吊装法施工。此法较适合焊接球节点钢管网架**。整体吊升法可分为多机抬吊法、拔杆提升法。

1	2	3

59. 大跨度结构**高空拼装法施工，用于螺栓连接（包括螺栓球和高强度螺栓）**的非焊接节点的各种类型网架。

1	2	3

60. 屋面防水的基本要求：①混凝土结构层宜采用**结构找坡**，坡度**不应小于 3%**；②保温层上的找平层应在水泥初凝前压实抹平，并应留设分格缝，缝宽宜为 **5~20mm**，纵横缝的间距**不宜大于 6m**；③找平层设置的**分格缝可兼作排汽道，排汽道的宽度宜为 40mm**，排汽道应纵横贯通，并应与大气连通的排汽孔相通。

1	2	3

61. 卷材防水层一般用满粘法、点粘法、条粘法和空铺法等来进行铺贴。**当卷材防水层上有重物覆盖或基层变形较大时，应优先采用空铺法、点粘法、条粘法或机械固定法，但距屋面周边 800mm 内以及叠层铺贴的各层之间应满粘**；当防水层采取满粘法施工时，找平层的分隔缝处宜空铺，空铺的宽度宜为 100mm。立面或大坡面铺贴卷材时，应采用满粘法，并宜减少卷材短边搭接。

1	2	3

62. 涂膜防水层：需铺设胎体增强材料时，屋面坡度**小于 15%**时可**平行**屋脊铺设，屋面坡度**大于 15%**时应**垂直**于屋脊铺设。胎体**长边搭接宽度不应小于 50mm，短边搭接宽度不应小于 70mm**。采用两层胎体增强材料时，**上下层不得相互垂直铺设**，搭接缝应**错开**，其间距不应**小于幅宽的 1/3**。涂膜防水层的施工应按**"先高后低、先远后近"**的原则进行。

1	2	3

63. 防水混凝土在施工中应注意以下事项：①保持施工环境**干燥**，避免带水施工。②防水混凝土采用预拌混凝土时，入泵**坍落度宜控制在 120~140mm**，坍落度每小时损失不应大于 20mm，坍落度总损失值不

1	2	3

应大于40mm。③防水混凝土洗筑时的**自落高度不得大于1.5m**；防水混凝土应采用机械振捣，并保证振捣密实。④防水混凝土应自然养护，**养护时间不少于14d**。⑤喷射混凝土终凝2h后应采取喷水养护，**养护时间不得少于14d**；当气温**低于5℃**时，**不得喷水**养护。⑥防水混凝土结构的**变形缝、施工缝、后浇带、穿墉管、埋设件等设置和构造必须符合设计要求**。

1	2	3

64. 防水混凝土施工缝处理：墙体**水平施工缝**不应留在剪力与弯矩最大处或底板与侧墙的交接处，**应留在高出底板表面不小于300mm的墙体上**。拱（板）墙结合的水平施工缝，宜**留在拱（板）墙接缝线以下150～300mm处**。墙体有预留孔洞时，施工缝**距孔洞边缘不应小于300mm**。

1	2	3

65. 卷材防水层施工的铺贴方法：**①外贴法**。优点是构筑物与保护墙有**不均匀沉降时**，对防水层**影响较小**；防水层做好后即**可进行漏水试验，修补方便**。缺点是**工期较长**，**占地**面积**较大**，底板与墙身**接头**处卷材**易受损**。**②内贴法**。优点是防水层的施工比较方便，不必留接头，施工**占地面积小**。缺点是构筑物与保护墙**有不均匀沉降**时，对防**水层影响较大**；**保护墙稳定性差**；竣工后如发现**漏水较难修补**。

1	2	3

66. 墙体节能工作主要是**指外墙**保温工程，外墙保温系统分**为外墙外保温系统**、**外墙内保温系统**、**夹芯保温系统**等。

1	2	3

67. **外墙外保温系统是由保温层、保护层和胶粘剂、锚固件**等固定材料构成并适用于安装在外墙外表面的非承重的保温墙体。

1	2	3

68. **聚苯板薄抹灰**外墙外保温系统适用于各类气候区域的，**高度在100m以下的住宅建筑和24m以下的非幕墙建筑**。高度在20m以上的建筑物，宜使用锚栓辅助固定。

1	2	3

69. **胶粉聚苯颗粒复合型外墙外保温系统可适用于建筑高度在100m以下的住宅建筑和50m以下的非幕墙建筑**，基层墙体可以是混凝土或砌体结构。而单一胶粉聚苯颗粒外墙外保温系统不适用于严寒和寒冷地区。

1	2	3

70. **倒置式**屋面保温层：①倒置式屋面基本构造**自下而上宜由结构层、找坡层、找平层、防水层、保温层及保护层组成**。②倒置式屋面坡度不宜小于3%。**当坡度大于3%时**，应在结构层采取防止防水层、保温层及保护层下滑的措施。**坡度大于10%时**，应在结构层上沿垂直于坡度方向设置防滑条。③当采用**多道防水设防**时，**宜选**用防水**涂料**作为**其中一道**防水层；**硬泡聚氨酯**防水保温复合板**可作为次防水层**。

④**倒置式**屋面保温层的厚度应进行计算，其**设计厚度应按照计算厚度增加 25%取值，且最小厚度不得小于 25mm**。⑤**低女儿墙**和山墙的保温层应铺到**压顶下**；**高女儿墙**和山墙内侧的保温层应铺到**顶部**；**保温层应覆盖**变形缝挡墙的**两侧**；屋面设施基座与结构层相连时，保温层应包裹基座的上部。⑥保温层板材施工，**坡度不大于 3%的不上人屋面可采用干铺法，上人屋面宜采用粘贴法**；坡度大于 3% 的屋面应采用粘贴法，并应采用固定防滑措施。

71. **主龙骨吊点间距应小于 1.2m；次龙骨间距不得大于 600mm**，潮湿地区和场所，间距宜为 300～400mm；板材应在自由状态下进行安装，固定时应**从板的中间向板的四周固定**。

1	2	3

72. 混凝土或抹灰基层涂刷**溶剂**涂料时，含水率**不得大于 8%**；涂刷**水性**涂料时，含水率**不得大于 10%**；**木质基层**含水率**不得大于 12%**。施工现场环境温度宜为 5℃～35℃，并应注意通风换气和防尘。涂饰施工一般方法：**滚涂法、喷涂法、刷涂法**。

1	2	3

73. 墙面石材铺装应符合下列规定：①墙面砖铺贴前应进行挑选，并应按设计要求进行预拼。②**强度较低或较薄的石材应在背面粘贴玻璃纤维网布**。③当采用湿作业法施工时，固定石材的钢筋网应与预埋件连接牢固。每块石材与钢筋网**拉接点不得少于 4 个**。拉接用金属丝应具有防锈性能。灌注砂浆前应将石材背面及基层湿润，并应用填缝材料临时封闭石材板缝，避免漏浆。**灌注砂浆宜用 1∶2.5 水泥砂浆**，灌注时应**分层进行，每层灌注高度宜为 150～200mm，且不超过板高的 1/3**，插捣应密实。待其**初凝后**方可灌注上层水泥砂浆。④当采用粘贴法施工时，**基层处理应平整但不应压光**。胶粘剂的配合比应符合产品说明书的要求。胶液应均匀、饱满地刷抹在基层和石材背面，石材就位时应准确，并应立即挤紧、找平、找正，进行顶、卡固定。溢出胶液应随时清除。

1	2	3

笔记：

三、经典题型

1. 在松散且湿度很大的土中挖 6m 深的沟槽，支护应优先选用(　　)。

A. 水平挡土板式支撑　　B. 垂直挡土板式支撑

C. 重力式支护结构　　D. 板式支护结构

答案：B

解析：对松散和湿度很高的沟槽土可用垂直挡土板式支撑，其挖土深度不限。

2. 对于大跨度的焊接球节点钢管网架的吊装，出于防火等考虑，一般选用(　　)。

A. 大跨度结构高空拼装法施工　　B. 大跨度结构整体吊装法施工

C. 大跨度结构整体顶升法施工　　D. 大跨度结构滑移法施工

答案：B

解析：大跨度结构整体吊装法施工，是焊接球节点网架吊装的一种常用方法。

3. 关于基坑土石方工程采用轻型井点降水，说法不正确的是(　　)。

A. U 形布置不封闭段是为施工机械进出基坑留的开口

B. 双排井点管适用于宽度小于 6m 的基坑

C. 单排井点管应布置在基坑的地下水上游一侧

D. 施工机械可以经 U 形布置的开口端进出基坑

答案：B

解析：选项 B，双排井点管适用于宽度大于 6m 或土质不良的情况。

4. 钢筋混凝土预制桩的运输和堆放应满足以下要求(　　)。

A. 混凝土强度达到设计强度的 70% 方可运输

B. 混凝土强度达到设计强度的 70% 方可起吊

C. 堆放层数不宜超过 5 层

D. 不同规格的桩按上小下大的原则堆放

答案：B

解析：钢筋混凝土预制桩应在混凝土达到设计强度的 70% 方可起吊；达到 100% 方可运输和打桩。堆放层数不宜超过 4 层。不同规格的桩应分别堆放。

5. 墙面石材铺装应符合的规定是(　　)。

A. 强度较高的石材应在背面粘贴玻璃纤维网布

B. 强度较低的石材应在背面粘贴玻璃纤维网布

C. 较厚的石材应在背面粘贴玻璃纤维网布

D. 采用粘贴法施工时基层应压光

答案：B

解析：墙面石材铺装应符合下列规定：①墙面砖铺贴前应进行挑选，并应按设计要求进行预拼。②强度较低或较薄的石材应在背面粘贴玻璃纤维网布。③当采用湿作业法施工时，固定石材的钢筋网应与预埋件连接牢固。④当采用粘贴法施工时，基层处理应平整但不应压光。

第二节　道路、桥梁与涵洞工程施工技术

一、考试大纲及考核要点

考试大纲要求及考核要点见表 4. 2. 1。

表 4. 2. 1　考试大纲要求及考核要点

序号	考试大纲要求	考核要点
1	道路工程施工技术	路基施工、路面施工、筑路机械
2	桥梁工程施工技术	桥梁下部结构施工、桥梁上部结构的施工
3	涵洞工程施工技术	钢筋混凝土盖板涵施工、钢筋混凝土圆涵施工、混凝土拱涵和石砌拱涵施工、箱涵、涵洞附属工程

二、精要·题眼

1	2	3

1. 路堤通常是利用沿线附近的土、石作为填筑材料。选择填料时应尽可能选择当地强度高、稳定性好并利于施工的土石作路堤填料。一般情况下，**碎石、卵石、砾石、粗砂等具有良好透水性，且强度高、稳定性好，因此可优先采用。亚砂土、亚黏土等经压实后也具有足够的强度，故也可采用。粉性土水稳定性差，不宜作路堤填料。重黏土、黏性土、捣碎后的植物土等由于透水性差，作路堤填料时应慎重采用。**

1	2	3

2. 当地面**纵坡坡度大于 12%的深谷陡坡地段**，可采用**竖向**填筑法施工。竖向填筑因填土过厚不易压实，仅用于无法自下而上填筑的深谷、陡坡、断岩、泥沼等机械无法进场的路堤。施工时需采取措施：选用**高效能压实机械**；采用**沉陷量较小的砂性土**或附近开挖路堑的废石方，并**一次填足路堤全宽**；在**底部进行拨土夯实**。

1	2	3

3. 纵向挖掘法有**分层纵挖法、通道纵挖法和分段纵挖法三种**。**分层纵挖**法适用于**较长**的路堑开挖。**通道纵挖法**适合于路堑**较长、较深、两端地面纵坡较小**的路堑开挖。**分段纵挖**法适用于路堑**过长**，弃土运距过长的傍山路堑，其一侧堑壁不厚的路堑开挖。**混合式**挖掘法适用于路线纵向**长度和挖深都很大**的路堑开挖。

4. 软土地基施工:①**表层处理法**:砂垫层、反压护道、土工聚合物处治(土工布、土工格栅)。②**换填法**一般适用于地表下0.5~3.0m之间的软土处治。**开挖换填法、抛石挤淤法、爆破排淤法**。③**重压法:堆载预压法、真空预压法、真空预压加堆载预压法**。④**垂直(如普通砂井、袋装砂井、塑料排水板等)排水固结法**。⑤**稳定剂处置法是利用生石灰、熟石灰、水泥等稳定材料(养生一周)**,掺入软弱的表层黏土中,以**改善**地基的**压缩性和强度特征**,保证机械作业条件,**提高路堤填土稳定及压实效果**。⑥振冲置换(或称砂桩、碎石桩加固法)适用范围:软弱黏性土地基,但对于抗剪强度较低的软黏土采用本方法务必慎重。

1	2	3

5. 路基石方爆破施工,同等爆破条件下,**清方量较小的方式为定向爆破和洞室爆破**。

1	2	3

6. 沥青混合料路面施工采用**改性沥青混合料施工的初压**应采用钢轮压路机**静压**。**复压**宜采用**振动压路机或钢轮压路机**碾压,**不应采用轮胎压路机碾压**,振动压实应**遵循"紧跟、慢压、高频、低幅"的原则**。

1	2	3

7. 热拌沥青混合料路面应待摊铺层**自然降温至表面温度低于50℃后,方可开放交通**。

1	2	3

8. 水泥混凝土路面胀缝应与路面中心线垂直,**缝壁必须垂直,缝宽必须一致,缝中不得连浆**。缝**上部灌填缝料**,**下部安装胀缝板和传力杆**。

1	2	3

9. 水泥混凝土路面可采取喷洒养护剂或保湿覆盖等方式,**不宜采用围水养护;养护时间不宜小于设计弯拉强度的80%,一般宜为14~21d**。

1	2	3

10. 水泥混凝土路面通在混凝土达到**设计弯拉强度的40%以后,可允许行人通过。在面层混凝土完全达到设计弯拉强度且填缝完成前,不得开放交通**。

1	2	3

11. 光轮压路机。根据光轮压路机的整机质量,可分为**轻型(6~8t)、中型(8~10t、10~12t)、重型(12~15t以上)**。主要用于最终压实路基和其他基础层。

1	2	3

12. 振动压路机。初压和终压适宜静压,在**复压时可以使用振动碾压**。夯实机械,适用于对黏性土壤和非黏性土壤进行夯实作业,夯实厚度可达到1~1.5m。

1	2	3

13. 摊铺机。**履带式摊铺机**的最大优点是对路基的不平度敏感性差,多用于**新建公路及大规模的城市道路施工**。

1	2	3

14. 墩台混凝土特别是实体墩台均为**大体积混凝土**，水泥应优先选用**矿渣水泥、火山灰水泥**。当墩台截面小于或等于 $100m^2$ 时应连续灌注混凝土，以保证混凝土的完整性；当墩台截面大于 $100m^2$ 时，允许适当分段浇筑。

1	2	3

15. **装配式墩台**适用于山谷架桥、跨越平缓无漂流物的河沟、河滩等的桥梁，特别是在**工地干扰多、施工场地狭窄，缺水与砂石供应困难地区**。

1	2	3

16. **悬臂施工法**是大跨径连续梁桥常用的施工方法，属于一种自架设方式宜于在营运状态结构受力与施工阶段受力状态比较近的桥梁中选用，如预应力混凝土 T 型钢构桥、变截面连续梁桥和斜拉桥等。**转体施工**法施工设备少，节省材料，施工简单迅速适于单跨和三跨桥梁，**可在深水、峡谷中建桥使用，平原区以及城市跨线桥**。**这两种方法都不影响桥下交通**。

1	2	3

17. **顶推法可以使用简单的设备建造长大桥梁**，施工费用低，施工平稳无噪声，可在水深、山谷和高桥墩上采用。

1	2	3

18. **移动模架法**不需设置地面支架，**不影响通航和桥下交通**，施工安全、可靠。**一套模架可多次周转使用**，机械化、自动化程度高，节省劳力，降低劳动强度，上下部结构可以平行作业，缩短工期。

1	2	3

19. 拱涵拆除拱架与拱顶填土：当拱圈中砂浆强度达到设计强度的 **70%** 时，即可拆除拱圈支架，但须待达到设计强度的 **100%** 后，方可填土。当拱圈支架未拆除，拱圈中砂浆强度达到设计强度的 **70%** 时，可进行拱顶填土，但应待拱圈中砂浆强度达到设计强度的 **100%** 后，方能拆除拱圈支架。

1	2	3

20. 箱涵的施工方法与盖板涵类似，就地浇筑的箱涵与盖板涵的区别是：**盖板涵的台身**与盖板是**分开浇筑**的，台身还可以采用砌石圬工，成为简支结构。**而箱涵的上下顶板、底板与左右墙身是连续浇筑的，成为刚性结构**。

1	2	3

笔记：

三、经典题型

1. 一般路基土方施工时,可优先选作填料的是(　　)。

A. 亚砂土　　B. 粉性土

C. 黏性土　　D. 粗砂

答案:D

解析:一般情况下,碎石、卵石、砾石、粗砂等具有良好透水性,且强度高、稳定性好,因此可优先采用。亚砂土、亚黏土等经压实后也具有足够的强度,故也可采用。粉性土水稳定性差,不宜作路堤填料。重黏土、黏性土、捣碎后的植物土等由于透水性差,作路堤填料时应慎重采用。

2. 混凝土拱涵和石砌拱涵施工应符合的要求有(　　)。

A. 涵洞孔径在 3m 以上,宜用 18~32kg 型轻便轨

B. 用混凝土块砌筑拱圈,灰缝宽度宜为 20mm

C. 预制拱圈强度达到设计强度的 70% 时方可安装

D. 拱圈浇灌混凝土不能一次完成时可沿水平分段进行

E. 拆除拱圈支架后,拱圈中砂浆强度达到设计强度的 100% 时,方可填土

答案:ABCE

解析:孔径 3~6m 的用 18~32kg 型轻便轨,灰缝宽度宜为 2cm,当拱涵用混凝土预制拱圈安装时,成品达到设计强度的 70% 时才允许搬运、安装,混凝土的灌筑应由拱脚向拱顶同时对称进行,要求全拱一次灌完,不能中途间歇,如因工程量大,一次难以完成全拱时,可按基础沉降缝分节进行,每节应一次连续灌完,绝不可水平分段(因为拱圈受力是沿着拱轴线),也不宜按拱圈辐射方向分层(无模板控制,很难保证辐射方向)。

3. 路堤工程施工中,不正确的路堤填筑方法有(　　)。

A. 不同性质的土应该混填　　B. 弱透水性的土置于透水性的土之上

C. 不同性质的土有规则的分层填　　D. 堤身较高时,采用混合填筑

答案:A

解析:不同性质的土不应混填,应分层填筑。如因地形限制或堤身较高时应采用混合填筑法。竖向填筑因填土过厚不易压实,施工时需采取的措施之一是:选用高效能压实机械。

4. 路基石方爆破施工,同等爆破方量条件下,清方量较小的爆破方式为(　　)。

A. 光面爆破　　B. 微差爆破

C. 预裂爆破　　D. 定向爆破

答案:D

解析:洞室爆破:为使爆破设计断面内的岩体大量抛掷(抛坍)出路基,减少爆破后的

清方工作量,保证路基的稳定性,可根据地形和路签断面形式,采用抛掷爆破、定向爆破、松动爆破方法。

5. 移动模架逐孔施工桥梁上部结构,其主要特点为(　　)。

A. 地面支架体系复杂,技术要求高　　B. 上下部结构可以平行作业

C. 设备投资小,施工操作简单　　D. 施工工期相对较长

答案:B

解析:移动模架法不需要设置地面支架;设备投资大,施工准备和操作都比较复杂;节省劳力,降低劳动强度,上下部结构可以平行作业,缩短工期。

第三节　地下工程施工技术

一、考试大纲及考核要点

考试大纲要求及考核要点见表 4. 3. 1。

表 4. 3. 1　考试大纲要求及考核要点

序号	考试大纲要求	考核要点
1	建筑工程深基坑施工技术	建筑工程深基坑工程概述、深基坑土方开挖施工、深基坑降排水施工、深基坑支护施工
2	地下连续墙施工技术	地下连续墙的方法分类与优缺点、施工工艺
3	隧道工程施工技术	隧道工程施工特点、隧道工程施工方法、喷射混凝土、锚杆施工
4	地下工程特殊施工技术	地下工程施工中的几种特殊开挖方法、长距离顶管技术、气动夯管锤铺管施工、导向钻进法施工、逆作法、沉井法、其他非开挖施工方法

二、精要·题眼

1. 深基坑(基坑深度>5m)挖土是基坑工程的重要部分,直接影响着工程质量进度。**基坑的土方开挖工艺,主要分为放坡挖土、中心岛式(也称墩式)挖土,盆式挖土。**

1	2	3

2. 当采用放坡挖土时,**宜设置多级平台分层开挖,每级平台的宽度不宜小于 1.5m。**

1	2	3

3. **排桩与桩墙适于基坑侧壁安全等级一、二、三级**;悬臂式结构在软土场地中不宜大于 5m;当地下水位高于基坑底面时,宜采用降水、排桩与水泥土桩组合截水帷幕或采用地下连续墙;用逆作法施工。

1	2	3

4. **放坡开挖**式适用条件如下：基坑侧壁安全等级宜为**三级**；基坑周围场地应满足放坡条件，土质较好；当地下水位高于坡脚时，应采取降水措施。

1	2	3

5. **地下连续墙**既作为深基坑的**支护**又作为建筑物的**地下室外墙**。用触变泥浆保护孔壁和止水，施工安全可靠，不会引起水位降低而造成周围地基沉降，保证施工质量。**泥浆的作用：护壁、携砂、冷却、润滑，其中以润滑为主**。

1	2	3

6. **单元槽段宜尽量长一些，**以减少槽段的接头数量和增加地下连续墙的整体性，又可提高其防水性能和施工效率；混凝土供应充足、现场起重能力强可选用较大槽段。

1	2	3

7. **地下连续墙**槽段内的混凝土浇筑过程具有一般水下混凝土浇筑的施工特点。**混凝土强度等级一般为 C30～C40**。混凝土的级配除了满足结构强度要求外，还要满足水下混凝土施工的要求。其配合比应按**重力自密式流态混凝土设计，水与胶凝材料比不应大于 0.55，水泥用量不宜小于 400kg/m^3，入槽坍落度不宜小于 180mm**。**混凝土应具有良好的和易性和流动性**。

1	2	3

8. **钻爆法**优点：可以适应**坚硬完整的围岩**，也可以适应较为**软弱破碎的围岩**。

1	2	3

9. 开挖施工：全断面掘进机的适宜于打长洞，开挖洞壁光滑，对围岩破坏小，超挖少；独臂钻适宜于挖软岩，不适宜地下水多、围岩不太稳定的地层；天井钻专门用于开挖竖井或斜井的大型钻具；**带盾构的掘进机（TBM）法适用于围岩是软弱破碎带的情况**。

1	2	3

10. **盖挖法**优点是对结构的水平位移小，能够有效控制周围土体的变形和地表沉降；有利于保护邻近建筑物和构筑物；基坑底部土体稳定，隆起小，施工安全；**对地面影响小，只在短时间内封锁地面交通，施工受外界气候影响小**。缺点是盖板上不允许留下过多的竖井，后续开挖土方需要采取水平运输，出土不方便；施工作业空间较小，施工速度较明挖法慢，工期较长；和基坑开挖、支挡开挖相比，费用较高。

1	2	3

11. 浅埋暗挖法主要适用于不宜明挖施工的土质或软弱无胶结的砂、卵石等第四纪地层。对于水位高的地层，需采取堵水或降排水等措施。**浅埋暗挖法施工方针：管超前、严注浆、短开挖、强支护、快封闭、勤量测**。

1	2	3

12. **喷射作业**区段的宽度，**一般应以 1.5～2.0 为宜**。对水平坑道，其喷射顺序为先墙后拱、**自下而上；**侧墙应自墙基开始，拱应自拱

1	2	3

脚开始，封拱区宜沿轴线由前向后。

1	2	3

13. 普通水泥砂浆作为胶粘剂的全长粘接式锚杆。

1	2	3

14. 早**强药包内锚头锚杆**，是以**快硬水泥卷，或早强砂浆卷，或树脂卷**作为内锚固剂的内锚头锚杆。

1	2	3

15. **夯管锤铺管**要求管道材料必须是**钢管**。

1	2	3

16. 沉井法排水挖土下沉。**排水时不致产生流沙现象，可采用排水挖土下沉。不排水挖土下沉。下沉中要使井内水面高出井外水面1~2m，以防流沙。**

1	2	3

17. 沉井封底。当**8h内下沉量小于或等于10mm时，方可封底**。封底可分为干封底和湿封底两种。

1	2	3

18. 当**沉井**中心线与设计中心线不重合时，可先在一侧挖土，使沉井倾斜，然后均匀挖土，使沉井沿倾斜方向下沉到沉井底面中心线接近设计中心线位置时再**纠偏**。

笔记：

三、经典题型

1. 深基坑土方开挖工艺主要分为(　　)。

A. 放坡挖土　　B. 导墙式开挖

C. 中心岛式挖土　　D. 护壁式开挖

E. 盆式挖土

答案：ACE

解析：基坑的土方开挖工艺，主要分为放坡挖土、中心岛式(也称墩式)挖土，盆式挖土。

2. 场地空间大，土质较好，地下水位低的深基坑施工，采用的开挖方式为(　　)。

A. 水泥挡墙式　　B. 排桩与桩墙式

C. 逆作墙式　　D. 放坡开挖式

答案：D

解析:放坡开挖式基坑侧壁安全等级宜为三级;基坑周围场地应满足放坡条件,土质较好;当地下水位高于坡脚时,应采取降水措施。

3. 地下连续墙开挖,对确定单元槽段长度因素的说法,不正确的有(　　)。

A. 土层不稳定时,应增大槽段长度

B. 附近有较大地面荷载时,可减少槽段长度

C. 现场起重能力强可选用较大槽段

D. 混凝土供应充足时可选用较大槽段

答案:A

解析:选项 A 错误,当土层不稳定时,为防止槽壁坍塌,应减少单元槽段的长度。

4. 关于隧道工程喷射混凝土支护,下列说法正确的有(　　)。

A. 拱形断面隧道开挖后先喷墙后喷拱

B. 拱形断面隧道开挖后直墙部分先从墙顶喷至墙脚

C. 湿喷法施工骨料回弹比干喷法大

D. 干喷发比湿喷发施工粉尘少

答案:A

解析:选项 B 错误,侧墙应自墙基开始;选项 C、D 错误,干式喷射施工粉尘多、回弹比较严重。

5. 沉井的排水挖土下沉法适用于(　　)。

A. 透水性较好的土层　　B. 涌水量较大的土层

C. 排水时不致于产生流沙的土层　　D. 地下水较丰富的土层

答案:C

解析:当沉井所穿过的土层透水性较差,涌水量不大,排水时不致产生流沙现象,可采用排水挖土下沉。

第五章　工 程 计 量

第一节　工程计量的基本原理与方法

一、考试大纲及考核要点

考试大纲要求及考核要点见表 5.1.1。

表 5.1.1　考试大纲要求及考核要点

序号	考试大纲要求	考核要点
1	工程计量的有关概念	工程量计算的含义、工程量的含义
2	工程量计算的原则与依据	工程量计算的原则、工程量计算的依据
3	工程量计算标准	项目编码、项目名称、项目特征、计量单位、工程量计算规则、工作内容
4	平法标准图集	平法施工图的基本概念、平法标准图集简介、主要构件的平法注写方式
5	工程量计算的方法	工程量计算顺序、统筹法计算工程量、工程量计算中信息技术的应用

二、精要·题眼

1	2	3

1. **工程量计算的原则与依据：①**图纸与规范为基准**的计量原则**。施工方案不再作为**清单编制和工程计量的依据。在工程项目的发包过程中，施工方案不属于发包人应提供的资料，不作为工程计量的基准，但是常规的施工方案仍然是计量计价过程中应考虑的因素。②非设计要求不计量原则。如非设计要求的马凳筋、斜撑筋、抗浮筋、垫铁等措施钢筋的工程量不予计量，应在相应项目的综合单价中考虑。但当设计有要求时，应按对应构件钢筋项目分别编码列项。③履约计量原则**。

1	2	3

2. 清单组成：①**项目编码**，在编制工程量清单时应特别注意对项目编码十至十二位的设置**不得有重码的**规定。②项目名称，工程量清单的分部分项工程和措施项目的项目名称应按工程量计算规范附录中的项目名称**结合拟建工程的实际**确定。③项目特征，项目特

征是清单项目**自身价值的本质特征**。④计量单位。⑤工程量计算规则。⑥工作内容。

3. 项目特征体现的是对清单项目的**质量要求**，是确定一个清单项目综合单价**不可缺少**的重要依据，工程量清单项目特征描述的**重要意义**在于：①**项目特征是区分具体清单项目的依据**；②**项目特征是确定综合单价的前提**；③**项目特征是履行合同义务的基础**。

1	2	3

4. 不同的计量单位汇总后的有效位数也不相同，根据工程量计算规范规定，工程计量时每一项目汇总的有效位数应遵守下列规定：①以“t”为单位，保留小数点后**三位数字**，第四位小数四舍五入；②以“m、m^2、m^3、kg”为单位，保留小数点后**两位数字**，第三位小数四舍五入；③以“个”“根”“座”“套”“孔”“榀”为单位，取**整数**。

1	2	3

5. 工作内容：工作内容是指为了完成工程量清单项目所需要进行的**具体施工工序**。清单项目的工作内容作为工程量计算标准的重要组成内容，是编制工程量清单时**需考虑**的重要因素，不应将工作内容中已经包含的工作**拆分再列清单**。**项目特征**体现的是清单项目质量或特性的**要求或标准**。**工作内容**体现的是完成一个合格的清单项目需要具体做的**施工作业和操作程序**。对于一项**明确了分部分项工程项目或措施项目**，工作内容确定了其**工程成本**。

1	2	3

6. 实施平法的优点主要表现：①**减少图纸数量**；②**实现平面表示，整体标注**。

1	2	3

7. 平法标准图集内容包括两个主要部分：**一是平法制图规则，二是标准构造详图。适用于抗震设防烈度为6~9度地区的现浇混凝土结构施工图的设计**。

1	2	3

8. 柱编号由柱类型代号和序号组成，柱的类型代号有**框架柱（KZ）**、**转换柱（ZHZ）**、**芯柱（XZ）**。

1	2	3

9. 梁平法施工图的注写方式：梁的平面注写包括集中标注与原位标注。**原位标注优先于集中标注**。

1	2	3

10. 梁的集中标注：①梁编号，该项为必注值。梁编号由梁类型代号、序号、跨数及有无悬挑代号组成。梁的类型代号有楼层框架梁（KL）、楼层框架扁梁（KBL）、屋面框架梁（WKL）、框支梁（KZL）、托柱转换梁（TZL）、非框架梁（L）、悬挑梁（XL）、井字梁（JZL），A为一端悬挑，B为两端悬挑，悬挑不计跨数。如KL7（5A）表示7号框架梁，5跨，一端悬挑。②梁截面尺寸，该项为必注值。当为等截面梁时，用

1	2	3

$b\times h$ 表示；**当为竖向加腋梁时，用 $b\times h$、$Yc_1\times c_2$ 表示，其中 c_1 为腋长，c_2 为腋高**；当有悬挑梁且根部和端部的高度不同时，用斜线分隔根部与端部的高度值，即为 $b\times h_1/h_2$。③梁箍筋，该项为必注值。Φ8@100(4)/150(2)，表示箍筋为 HPB300 钢筋，直径为 8mm，加密区间距为 100mm，四肢箍；非加密区间距为 150mm，两肢箍。④梁上部通长筋或架立筋配置，该项为**必注值**。⑤梁侧面纵向构造钢筋或受扭钢筋配置，**该项为必注值**。当梁腹板高度 $h_W\geq 450$mm 时，需配置纵向构造钢筋，以大写字母 G 打头，配置受扭纵向钢筋时，以大写字母 N 打头，接续注写配置在梁两个侧面的总配筋值，且对称配置，如 N6ϕ22 表示梁的两个侧面配置 6ϕ22 的受扭纵向钢筋，每侧面各配置 3ϕ22 的受扭纵向钢筋。受扭纵向钢筋应满足梁侧面纵向钢筋的间距要求，且不再重复配置纵向构造钢筋。

11. 板块集中标注：板类型及代号为**楼面板（LB）**、**屋面板（WB）**、**悬挑板（XB）**。贯通钢筋按板块的下部和上部分部注写，**B 代表下部，T 代表上部**。当在某些板内（如悬挑板 XB 的下部）配置有构造钢筋时，则 X 向以 X_C，Y 向以 Y_C 打头注写。

1	2	3

12. 板块集中标注注写为“**LB5h = 110 B：Xϕ12@120；Yϕ10@100”表示 5 号楼面板、板厚 110mm、板下部 *X* 向贯通纵筋 ϕ12@120、板下部 *Y* 向贯通纵筋 ϕ10@100、板上部未配置贯通纵筋。注写为“LB5 h=110 B：Xϕ10/12@100；Yϕ10@110”表示 5 号楼面板、板厚 110mm，板下部配置的贯通纵筋 *X* 向为 ϕ10 和 ϕ12 隔一布一、C10 与 ϕ12 之间间距 100mm，*Y* 向贯通纵筋 ϕ10@110，板上部未配置贯通纵筋。标注“XB2 *h*=150/100 B：Xc&Ycϕ8@200”表示 2 号悬挑板、板根部厚 150mm、端部厚 100mm、板下部配置构造钢筋双向均为 ϕ8@200、上部受力钢筋见板支座原位标注。板支座原位标注的内容为板支座上部非贯通纵筋**和**悬挑板上部受力钢筋**。板支座上部非贯通筋自支座**边线**向跨内的伸出长度，注写在线段的下方位置。两侧对称时可只注写一侧，两侧不对称时两侧均需要注写其伸出长度。

1	2	3

13. 无梁楼盖平法施工图的注写方式：无梁楼盖板带类型及代号为柱上板带（**ZSB**）、跨中板带（**KZB**）。在柱轴线处画中**粗虚线**表示暗梁（**AL**）。集中标注包括**暗梁编号、暗梁截面尺寸（箍筋外皮宽度×板厚）、暗梁箍筋、暗梁上部通长筋或架立筋**四部分内容，其他注写方式同梁。注写为 ZSB2（5A）h=300 b=3 000 Bϕ16@100；Tϕ18@200，表示 2 号柱上板带，有 5 跨且一端有悬挑；板带厚 300mm，宽

1	2	3

3000mm;板带配置贯通纵筋下部为 ϕ16@ 100,上部为 ϕ18@ 200。

1	2	3

14. **独立基础底板配筋标注**为 B:Xϕ16@ 150,Yϕ16@ 200,表示基础底板底部配置 HRB400 级钢筋,X 向钢筋直径为 16mm,间距 150mm,***Y* 向钢筋直径为 16mm**,间距 200mm。基础底板顶部配筋**以 T 表示**,T 后先注写受力筋,再注写分布筋,并用“/”分开。如 T:7ϕ18@ 100/ϕ10@ 200,“/”前 7ϕ18@ 100 表示:配置平行于两柱轴心连线的受力筋 7 根(压轴线一根,两边按间距 100mm 各布 3 根),HRB400 级钢筋,直径为 18mm;“/”后 ϕ10@ 200 表示:沿底板顶部受力筋下垂直布置分布筋,HRB400 级钢筋,直径为 10mm,每隔 200mm 布置一根。

1	2	3

15. 当独立基础埋深较大,设置短柱时,短柱配筋应注写在独立基础中。以 DZ 代表普通独立基础短柱。先注写短柱角筋/x 边中部筋/y 边中部筋,再注写 箍 筋,最 后 注 写 短 柱 标 高范围。DZ4ϕ20/5ϕ18/5ϕ18, A10@ 100,-2. 500~-0. 050。表示独立基础的**短柱**设置在-2. 500m ~ -0. 050m 高度范围内,配置 HRB400 竖向纵筋和 HPB300 箍筋。其竖向纵筋为:角筋 4ϕ20、***x* 边中部**筋 5ϕ18、***y* 边中部**筋 5ϕ18;其箍筋直径为 10mm,间距 100mm。

1	2	3

16. 灌注桩(平面注写方式或列表注写方式)。平面注写方式,是在灌注桩平面布置图上集中标注灌注桩的编号、尺寸、纵筋、箍筋、桩顶标高和单桩竖向承载力特征值。① 注写桩编号,灌注桩-GZH、扩底灌注桩-GZHk。注写桩尺寸,包括桩径 D 和桩长 L,当为扩底灌注桩时,还应增加扩底端尺寸 D_0、h_b、h_c 或 D_0、h_b、h_{c1}、h_{c2}。其中 D_0 表示扩底端直径,h_b 表示扩底端锅底形矢高,h_c(h_{c1}、h_{c2})表示扩底端高度。②桩纵筋 15ϕ20,15ϕ18/6 000,表示采用通长变截面配筋方式,**桩通长纵筋**为 15Cϕ20;**桩非通长纵筋**为 15ϕ18,从**桩顶起算**的入桩长度为 6000mm。实际桩上段纵筋为 15ϕ20+15ϕ18,通长纵筋与非通长纵筋间隔均匀布置于桩周。③桩螺旋箍筋 LC8@ 100/200,表示箍筋采用 HRB400 级钢筋,直径为 8mm,加密区间距为 100mm,非加密区间距为 200mm,L 表示采用**螺旋箍筋**。

1	2	3

17. 桩基承台编号:独立承台-CTj、承台梁-CTL。①独立承台的**集中标注:**独立承台编号、截面竖向尺寸、配筋**三项必注**内容,以及承台板底面标高(与承台底面基准标高不同时)和必要的文字注解**两项选注**。△6ϕ25@ 150**×3**,表示**等边**三桩承台每边各配置 6 根直径为 25mm 的 HRB400 级钢筋,间距为 150mm。△5ϕ22@ 150+6ϕ22@ 150**×2**,

表示**等腰**三桩承台底边配置 5 根直径为 22mm 的 HRB400 级钢筋，间距为 150mm；两对称斜边各配置 6 根直径为 22mm 的 HRB400 级钢筋，间距为 150mm。②独立承台的**原位标注**：标注独立承台的平面尺寸。

18. JD4800×300 6 层：+3. 1003ϕ18/3ϕ14，表示 6 层设置 4 号矩形洞口，洞宽 800mm、洞高 300mm，洞口中心距本结构层楼面 3 100mm，洞宽方向补强钢筋为 3ϕ18，洞高方向补强钢筋 3ϕ14。

1	2	3

19. YD5 1000 2~6 层+1. 800 6ϕ20ϕ8@ 150（2） 2ϕ16，表示 5 号圆形洞口，直径 1 000mm，洞口中心距本结构层楼面 1800mm，洞口上下设补强暗梁，每边暗梁纵筋为 6ϕ20，箍筋为 A8@ 150，环向加强钢筋 2ϕ16。

1	2	3

20. 现浇混凝土板式楼梯平法施工图的注写方式：楼梯包含 AT~GT、ATa、ATb、ATc、BTb、CTa、CTb、DTb 共 14 种类型。楼梯集中标注的内容有五项，具体规定如下：AT1，h = 120 表示梯板类型及编号，梯板板厚；1 800/12 表示踏步段总高度/踏步级数；ϕ10@ 200；ϕ12@ 150 表示上部纵筋，下部纵筋；Fϕ8@ 250 表示梯板分布筋。

1	2	3

21. 用的基数为“三线一面”，**“三线”是指建筑物的外墙中心线、外墙外边线和内墙净长线；“一面”是指建筑物的底层建筑面积**。

1	2	3

22. **统筹图以“三线一面”作为基数**，连续计算与之有共性关系的分部分项工程量，而与**基数无共性关系的分部分项工程量则用“册”或图示尺寸**进行计算。①统筹图的主要内容统筹图主要由**计算工程量的主次程序线、基数、分部分项工程量计算式及计算单位组成**。**主要程序线是指在“线”“面”基数上连续计算项目的线，次要程序线是指在分部分项项目上连续计算的线**。②计算程序的统筹安排：**先主后次，统筹安排**。

1	2	3

笔记：

三、经典题型

1. 根据《房屋建筑与装饰工程工程量计算规范》GB 50854—2024 规定，下列关于工程计量时不同计量单位工程量数据汇总后的计取方法，正确的是(　　)。

A. 以“t”为单位，应取整数

B. 以“m、m^2”为单位，应保留小数点后两位数字，第三位小数四舍五入

C. 以“m、kg”为单位，应保留小数点后三位数字，第四位小数四舍五入

D. 以“个、根”为单位，应保留小数点后两位数字，第三位小数四舍五入

答案：B

解析：不同的计量单位汇总后的有效位数也不相同，根据工程量计算规范规定，工程计量时每一项目汇总的有效位数应遵守下列规定：①以“t”为单位，保留小数点后三位数字，第四位小数四舍五入；②以“m、m^2、m^3、kg”为单位，保留小数点后两位数字，第三位小数四舍五入；③以“个”“根”“座”“套”“孔”“榀”为单位，取整数。

2. 以下关于梁钢筋平法的说法，正确的是(　　)。

A. KL(5)300×700 Y300×400 Y 代表水平加腋

B. 梁侧面钢筋 G4ϕ12 代表两侧为 2ϕ12 的纵向构造钢筋

C. 梁上部钢筋与架立筋规格相同时可合并标注

D. 板支座原位标注包含板上部贯通筋

答案：B

解析：选项 A 错误，Y 代表竖向加腋；选项 C 错误，当同排纵筋中既有通长筋又有架立筋时，应用“+”将通长筋和架立筋相连；选项 D 错误，板支座原位标注的内容为板支座上部非贯通纵筋和悬挑板上部受力钢筋。

3. 关于统筹图计算工程量，下列说法正确的是(　　)。

A.“三线”是指建筑物外墙中心线、外墙净长线和内墙中心线

B.“一面”是指建筑物建筑面积

C. 统筹图中的主要程序线是指在分部分项项目上连续计算的线

D. 计算分项工程量是在“线”“面”基数上计算的

答案：D

解析：用统筹法计算各分项工程量是从“线”“面”基数的计算开始的。选项 A 错误，“三线”是指建筑物的外墙中心线、外墙外边线和内墙净长线。选项 B 错误，“一面”是指建筑物的底层建筑面积。选项 C 错误，主要程序线是指在“线”“面”基数上连续计算项目的线，次要程序线是指在分部分项项目上连续计算的线。

第二节　建筑面积计算

一、考试大纲及考核要点

考试大纲要求及考核要点见表 5.2.1。

表 5.2.1　考试大纲要求及考核要点

序号	考试大纲要求	考核要点
1	建筑面积的概念	概念
2	建筑面积的作用	作用
3	建筑面积与建筑高度的计算规则与方法	建筑面积计算规则、建筑高度的计算规则

二、精要·题眼

1	2	3

1. 建筑面积的概念：建筑面积主要是建筑每个自然层楼（地）面处外围护结构外表面所围空间水平投影的面积。**功能单元**建筑面积=功能单元使用面积+功能单元**墙体水平投影面积**+功能单元**内阳台**面积及为**本功能单元服务的**烟囱、通风道、管道井面积。功能单元使用面积：应按功能单元内各功能**空间**使用面积之和计算。功能**空间**使用面积：应按功能空间墙体内表面所**围合空间的水平投影面积**计算。功能单元本身的**使用面积**和**建筑面积**，**不包含**功能单元之外的公共门厅、公共走道、公共楼梯等的面积。

1	2	3

2. 建筑面积计算规则：

（1）建筑面积应按建筑每个**自然层**楼（地）面处**外围护结构外表面**所围空间的水平投影面积计算。

（2）总建筑面积应按**地上**和**地下**建筑面积之和计算，地上和地下建筑面积应**分别**计算。室外设计地坪**以上**的建筑空间，其建筑面积应**计入地上建筑面积**；室外设计地坪**以下**的建筑空间，其建筑面积应**计入地下建筑面积**。当室外设计地坪位于建筑空间的中间时，若该建筑空间的楼（地）面低于室外设计地坪的高度**大于**该空间**建筑层高的1/2，应计入地下建筑面积**；若其楼（地）面低于室外设计地坪的高度**小于或等于该空间建筑层高的 1/2，则计入地上建筑面积**。对于室外设计地坪为坡地的情况，建筑空间的楼（地）面低于室外设计地坪的高应以平均高度计算。

(3)永久性结构的建筑空间，有永久性顶盖、结构层高或斜面结构板顶高在 2.20m 及以上的，应按下列规定计算建筑面积：①有围护结构、封闭围合的建筑空间，应按其外围护结构外表面所围空间的水平投影面积计算，包括建筑外围护结构以内的各类使用空间及局部楼层；地下室、半地下室及其相应出入口；与室内相通的变形缝；建筑内的设备层、管道层、避难层；立体书库、立体仓库、立体车库；水箱间、电梯机房；门厅、大厅及门厅、大厅内的回廊；封闭的通廊、挑廊、连廊，封闭架空通道；有顶盖的采光井；室内有围护设施的悬挑看台、舞台灯控室、室内场馆看台下部空间；附属在建筑物外墙的落地橱窗等。但不包括有永久性顶盖，有围护结构、均布荷载不大于 $0.5kN/m^2$，且点荷载不大于 1kN 的室内非上人顶盖，如展览、机场等建筑中的房中房顶部。建筑内的楼梯（间）、电梯井、提物井、管道井、通风排气竖井、烟道应按建筑自然层计算建筑面积。②无围护结构、以柱围合，或部分围护结构与柱共同围合，不封闭的建筑空间，应按其柱或外围护结构外表面所围空间的水平投影面积计算，包括由墙、柱围合的雨篷、车棚、货棚、站台、有顶盖平台、有顶盖空中花园；门廊、门斗；室外楼梯；地下车库出入口；室外场馆看台下部空间；有柱的室外连廊；建筑物架空层及吊脚架空层；结构转换层等。③无围护结构、单排柱或独立柱、不封闭的建筑空间，应按其顶盖水平投影面积的 1/2 计算，包括由单排柱或独立柱支撑的室外连廊、车棚、货棚、站台、室外场馆看台雨篷、单排柱或独立柱支撑的室外楼梯等。④无围护结构、有围护设施、无柱、附属在建筑外围护结构、不封闭的建筑空间，应按其围护设施外表面所围空间水平投影面积的 1/2 计算，包括无柱的室外挑廊、连廊、檐廊；出挑的无柱室外楼梯；《民用建筑通用规范》GB 55031—2022 按照建筑空间的基本特征对建筑面积的计算做出了原则规定。需要注意的是，计算建筑面积的前提条件有以下三点：一是永久性结构的建筑空间，此永久性结构是相对临时性结构而言，即不包括临时房屋、活动房屋、简易房屋；二是要有永久性顶盖，不包括临时搭建的各类顶盖，如临时性遮阳篷等；三是结构层高或斜面结构板顶高度在 2.20m 及以上的建筑空间。围护结构是指围合建筑空间的墙体、门、窗。围护设施是指为保障安全而设置的栏杆、栏板等围挡。

(4)阳台建筑面积应按围护设施外表面所围空间水平投影面积的 1/2 计算；当阳台封闭时，应按其外围护结构外表面所围空间的水

平投影面积计算。阳台是指附设于建筑物外墙,可供人活动的室外空间,设有安全防护措施。此处**阳台必须有顶盖**,无盖阳台按露台考虑,不计算建筑面积。

(5)下列空间与部位**不应计算建筑面积**:①结构层高或斜面结构板顶**高度小于 2.20m** 的建筑空间,包括层高小于 2.20m 的设备管道夹层、结构板顶高度小于 2.20m 的坡屋顶等。②**无顶盖的建筑空间**,包括室外平台、室外挑台、露台、室外游泳池、室外台阶、坡道、建筑屋面、屋顶花园、花架;无顶盖架空通廊;各种操作平台、上料平台、设备平台等。③附属在建筑外围护结构上的**构(配)件**,指附属在外围护结构的装饰、遮阳、设备平台等构(配)件,如附属在外墙的装饰柱、门窗线脚、勒脚、突出墙面的装饰线条、空调机板、遮阳板、建筑挑檐、无柱雨篷等非建筑外围护结构系统的构(配)件。④**建筑出挑部分的下部空间**,建筑出挑部分的下部空间不计算建筑面积。⑤建筑物中用作城市街巷通行的**公共交通空间**,包括**骑楼**、建筑的**过街通道**等。⑥独立于建筑物之外的各类**构筑物**,包括烟筒、水塔、水(油)罐、栈桥、储仓、储油(水)池等。

3. 建筑高度计算规则:①**平屋顶**建筑高度应按**室外设计地坪**至建筑物**女儿墙顶点**的高度计算,**无女儿墙**的建筑应按至其**屋面檐口顶点**的高度计算。②**坡屋顶**建筑应分别计算**檐口及屋脊高度**,**檐口**高度应按室外设计地坪**至屋面檐口或坡屋面最低点**的高度计算,**屋脊**高度应按室外设计地坪**至屋脊**的高度计算。③当同一座建筑有**多种屋面形式**或**多个室外设计地坪**时,建筑高度应分别计算后取其中**最大值**。④机场、广播电视、电信、微波通信、气象台、卫星地面站、军事要塞等设施的技术作业**控制区内**及机场航线**控制范围内**的建筑,建筑高度应按建筑物室外设计地坪至建(构)筑物**最高点**计算。⑤**历史**建筑,历史**文化**名城名镇名村、历史文化街区、文物保护单位、风景名胜区、自然保护区的**保护规划区内**的建筑,建筑高度应按建筑物室外设计地坪至建(构)筑物**最高点**计算。⑥除第④条、第⑤条规定以外的建筑,屋顶设备用房及其他**局部凸出**屋面用房的**总面积不超过屋面面积**的 **1/4** 时,**不应计入**建筑高度。本规定中屋顶设备用房及其他局部凸出屋面用房是指屋顶楼梯间、电梯机房、水箱间、装饰塔等。⑦建筑的**室内净高**应满足各类型功能场所空间净高的**最低要求**,**地下室**、局部**夹层**、**公共走道**、**建筑避难区**、**架空层**等有人员正常活动的场所**最低**

1	2	3

处室内净高**不应小于 2.00m**。

笔记：

三、经典题型

1. 根据《民用建筑通用规范》GB 55031—2022 规定，室内净高是指(　　)。

A. 室内有效使用空间的垂直距离

B. 相邻两层楼地面面层之间的垂直距离(不含楼板厚度)

C. 楼地面至天花板的垂直距离

D. 下层楼地面至上层楼地面结构层顶面的垂直距离

答案：A

解析：室内净高指室内有效使用空间的垂直距离。

2. 根据《民用建筑通用规范》GB 55031—2022 规定，按建筑自然层计算建筑面积的是(　　)。

A. 管道井　　B. 车棚

C. 连廊　　D. 门斗

答案：A

解析：建筑内的楼梯（间）、电梯井、提物井、管道井、通风排气竖井、烟道应按建筑自然层计算建筑面积。

3. 历史建筑的建筑高度，应按建筑室外设计地坪至建(构)筑物(　　)计算。

A. 檐口顶点　　B. 屋脊

C. 墙顶点　　D. 最高点

答案：D

解析：历史建筑是指历史文化名城名镇名村、历史文化街区、文物保护单位、风景名胜区、自然保护区的保护规划区内的建筑，建筑高度应按建筑物室外设计地坪至建(构)筑物最高点计算。

第三节　工程量计算规则与方法

一、考试大纲及考核要点

考试大纲要求及考核要点见表 5.3.1。

表 5.3.1　考试大纲要求及考核要点

序号	考试大纲要求	考核要点
1	工程量计算规则与方法	计量规则

二、精要・题眼

1. 土石方工程包括单独土石方、基础土石方、平整场地及其他。

1	2	3

2. 单独土石方：清单项目设置包括挖单独土方、挖单独石方、单独土石方回填等。单独土石方项目是指为使施工场地达到预设标高（**设计室外标高/设计室外地面做法底标高/委托人指定标高**）所进行的土石方工程。挖单独土（石）方、单独土石方回填，按**原始地貌**与**预设标高**之间的**挖填尺寸**，以**体积**计算。

1	2	3

3. 基础土石方：清单项目设置包括挖**基坑土方、挖沟槽土方、挖冻土、挖淤泥流砂、挖基坑石方、挖沟槽石方、回填方**等。基础土石方中，**底宽≤3m 且底长>3 倍底宽**的为**沟槽**，超出上述范围的为**基坑**。①挖基坑土（石）方：挖基坑土（石）方，**按设计图示基础（含垫层）底面积另加工作面面积，乘以挖土（石）深度**，以**体积**计算。②挖沟槽土（石）方：基础沟槽土（石）方，**按照设计图示基础（含垫层）底面积另加工作面面积，乘以挖土（石）深度**，以**体积**计算。管沟土（石）方，**按设计图示管底基础（含垫层）底面积另加工作面面积，乘以挖土（石）深度，以体积计算；无管底基础及垫层时，按管外径的水平投影面积另加工作面面积，乘以挖土（石）深度，以体积计算**。**管道线路上各类井的土（石）方并入管沟土（石）方**。③回填方：**按设计图示尺寸以体积计算**。基础回填，按设计图示基础（含垫层）底面积另加工作面面积，乘以回填深度，**减去回填范围内建筑物（构筑物）、基础（含垫层）、管道**，以体积计算。房心回填，按回填区的**净体积**计算。净体积是指扣除各种障碍物后的体积。

1	2	3

4. 平整场地及其他：清单项目设置包括平整场地、余方弃置等。平整场地是指基础土石方施工前，对建筑物所在场地标高**±300mm 之间**的就地挖、填、运及平整。如**单独土石方**和**基础土石方**由**同一承包人连续施工**，**不再单列**平整场地清单项目。①平整场地，按设计图示尺寸以建筑物**首层建筑面积**计算。建筑物地下室结构外边线凸出首层结构外边线时，其**凸突出**部分的建筑面积**合并计算**。②余方弃置，按**挖方清单项目工程量**减回填**清单项目工程量（可利用）**，以体积计算。

1	2	3

5. **干土**、**湿土**的划分，以地质勘测资料的地下常水位为准，**地下常水位以上**为干土，**以下**为湿土。地表水排出后，土的含水率≥25%时为**湿土**。含水率超过液限，土和水的混合物呈现流动状态时为**淤泥**。温度在0℃及以下，并夹含有冰的土为冻土（指**短时冻土和季节冻土**）。计算土石方的开挖、回填工程量时，均不考虑**不同密实状态的土、石体积折算**。

1	2	3

6. 地基处理：清单项目设置包括换填垫层、预压地基、强夯地基、振冲密实地基（不填料）、填料桩复合地基、水泥粉煤灰碎石桩复合地基、水泥土搅拌桩复合地基、旋喷桩复合地基、注浆加固地基、褥垫层等。①换填垫层，按设计图示尺寸以**体积**计算。项目特征需描述：材料种类及配比、换填方式及压实系数、掺加剂（料）品种。项目特征中“换填材料种类”可描述为**砂石、粉质黏土、灰土、粉煤灰、矿渣**等。如有土工合成材料，则应增加相应特征描述。②预压地基、强夯地基、振冲密实地基（**不填料**），按设计图示处理范围以**面积**计算。③**填料桩复合地基**、水泥粉煤灰碎石桩复合地基，按设计**桩截面面积乘以桩长**以**体积**计算。④水泥土搅拌桩复合地基，按设计图示**桩体尺寸**以**体积**计算。⑤旋喷桩复合地基，按设计图示尺寸以**桩长**计算。⑥注浆加固地基，按设计加固地基尺寸以**体积**计算。⑦褥垫层，按设计图示尺寸以**体积**计算。

1	2	3

7. 基坑与边坡支护：①地下连续墙，按设计图示墙体尺寸以**体积**计算。②型钢水泥土搅拌墙，按设计图示成墙截面尺寸乘以桩长以**体积**计算。③咬合灌注桩、木质桩、预制钢筋混凝土板桩，按设计图示尺寸以**桩长**计算。④型钢桩、钢板桩，按设计图示尺寸以质量计算。项目特征需描述：地层类别；截面形式或组合截面形式；钢桩材质规格和型号；送桩深度、桩长；**是否拔出**。⑤锚杆（锚索），按设计图示尺寸以**钻孔深度**计算。⑥土钉，按设计图示尺寸以**土钉置入深度**计算。⑦喷射混凝土（水泥砂浆），按设计图示尺寸以**面积**计算。

1	2	3

⑧钢筋混凝土支撑及其模板。钢筋混凝土支撑,按设计图示尺寸以体积计算。钢筋混凝土支撑的模板,按模板与现浇混凝土构件的接触面积计算。⑨钢筋混凝土腰梁、冠梁及其模板。钢筋混凝土腰梁、冠梁,按设计图示尺寸以体积计算。钢筋混凝土腰梁、冠梁的模板,按模板与现浇混凝土构件的接触面积计算。⑩钢支撑、钢腰梁(冠梁),按设计图示尺寸以质量计算,不扣除孔眼质量,焊条、铆钉、螺栓等不另增加质量。⑪泥浆外运,按**成槽、成孔尺寸**,以**体积**计算。项目特征需描述**泥浆来源**。

1	2	3

8. 预制桩:清单项目设置包括预制钢筋混凝土实心桩、预制钢筋混凝土空心桩、钢管桩、静钻根植桩、截(凿)桩头等。①预制钢筋混凝土实心(空心)桩,按设计图示尺寸以桩长计算。预制钢筋混凝土**实心**桩项目特征需描述:地层类别;送桩深度、桩长;桩截面形式、尺寸;混凝土强度等级。预制钢筋混凝土**空心**桩项目特征需描述:地层类别;送桩深度、桩长;桩截面形式、尺寸;桩尖类型;混凝土强度等级。②钢管桩,按设计图示尺寸以**质量**计算。③静钻根植桩,按设计图示尺寸以**植入桩桩长**计算。静钻根植桩是采用单轴钻机进行钻孔、扩底,注入桩端和桩周水泥浆,然后将植入桩置于已成孔内形成的基桩。④截(凿)桩头,按设计图示**数量**计算(单位:**根**)。截(凿)桩头项目适用于"地基处理与边坡支护工程""桩基工程"所列桩的桩头截(凿)。⑤**打试验桩**和**打斜桩**应按相应项目**单独编码列项**,并应在项目特征中**注明试验桩或斜桩(斜率)**。⑥预制桩的工作内容中包括了**接桩**和**送桩**,不需要单独列项,应在综合单价中考虑。⑦预制桩项目工作内容均包括预制桩的**场内堆放、场内转运**,还包括使用成品预制桩时的**成品桩购置工作**及**使用现场预制桩时的桩制作全部工序**。使用现场预制桩时,应在项目特征中增加相关描述。⑧预制钢筋混凝土桩的**桩顶与桩承台的连接构造**,应按"混凝土及钢筋混凝土工程"的基础相关项目编码列项。**空心桩、钢管桩整体填充混凝土**时,按"混凝土及钢筋混凝土工程"中"**填充混凝土**"项目编码列项。

1	2	3

9. 灌注桩。清单项目设置包括泥浆护壁成孔灌注桩、沉管灌注桩、干作业机械成孔灌注桩、爆扩成孔灌注桩、钻孔压灌桩、灌注桩后注浆、声测管等。泥浆护壁成孔灌注桩是指在泥浆护壁条件下成孔的采用水下灌注混凝土的桩。干作业机械成孔灌注桩是指在不用泥浆护壁和套管护壁的情况下,用钻机成孔后下钢筋笼并灌注混凝土的桩,适用于地下水位以上的土层。①泥浆护壁成孔灌注桩、沉管灌

注桩、干作业机械成孔灌注桩、爆扩成孔灌注桩，按设计截面面积乘以设计桩长以体积计算，**截面局部扩大部分体积并入计算**。内夯沉管灌注桩按“沉管灌注桩”编码列项，外管封底部分体积并入桩工程量内。②钻孔压灌桩，按设计图示尺寸以**桩长**计算。③灌注桩后注浆，按设计图示以**注浆孔数**计算（单位：**孔**）。④声测管，按设计图示**桩长乘以管根数**计算。

1	2	3

10. 砖砌体。清单项目设置包括砖基础、实心砖墙、多孔砖墙、空心砖墙、实心砖柱、多孔砖柱、砖检查井、零星砌砖、砖散水（地坪）、砖地沟（明沟）、贴砌砖墙等。①砖基础，按设计图示尺寸以体积计算。**扣除**地梁（圈梁）、构造柱所占体积，**不扣除基础大放脚T形接头处的重叠部分**及嵌入基础内的钢筋、铁件、管道、**基础浆防潮层**和单个面积 ≤0.3m^2的孔洞所占体积。附墙垛基础宽出部分体积**并入**计算，靠墙暖气沟的挑檐**不增加**体积。**防潮层在综合单价中考虑，不单独列项计算工程量**。墙基础长度：**外墙基础按外墙中心线，内墙基础按内墙净长计算**。②实心砖墙、多孔砖墙、空心砖墙，按设计图示尺寸以体积计算。**扣除**门窗洞口、嵌入墙内的 柱、梁、**板**及凹进墙内的壁龛、管槽、暖气槽、消火栓箱所占体积，**不扣除**单个面积≤0.3m^2 的孔洞及墙内檩头、垫木、木楞头、沿缘木、木砖、门窗走头、加固钢筋、木筋、铁件、管道所占的体积。凸出墙面的墙垛**并入**计算。腰线、挑檐、压顶、窗台线、虎头砖、门窗套凸出墙面部分的体积**不并入**计算。同材质围墙柱及围墙压顶**并入**围墙体积内计算。墙长度：外墙按中心线、内墙按净长计算，框架间墙**不区分内外墙**均按净长计算。项目特征需描述：**砖品种、规格、强度等级；墙体类型；墙体厚度；砂浆强度等级**。工作内容中**综合了刮缝**，墙面勾缝按“墙、柱面装饰与隔断、幕墙工程”中“墙、柱面勾缝”列项。③实心砖柱、多孔砖柱，按设计图示尺寸以**体积**计算。**扣除**混凝土及钢筋混凝土梁垫、梁头、板头所占体积。④砖检查井，按设计图示**数量**计算（单位：**座**）。工作内容中**综合**了铺设垫层、底板混凝土、井盖安装、**刮缝、抹防潮层**等，**不需要另列项计算**。⑤零星砌砖，按设计图示尺寸以**体积**计算。砖砌台阶、台阶挡墙、梯带、花台、花池、栏板；砖砌锅台、炉灶、蹲台、池槽、池槽腿、地垄墙；砖砌腰线、挑檐、压顶、窗台线、虎头砖、门窗套凸出墙面的部分及单个面积≤0.3m^2的孔洞填塞等按“零星砌砖”编码列项。⑥砖散水、地坪，按设计图示**水平投影面积**计算。工作内容中综合了地基找平夯实、铺设垫层、**抹砂浆面层**等。⑦砖地沟、明沟，按设计图示以**中心线长度**计算。工作内容

中综合了铺设垫层、底板混凝土、**刮缝抹灰**等。⑧贴砌砖墙，按设计图示尺寸以体积计算。**依附**构件或者**依附**墙体砌筑的**贴砌砖**（如地下室外墙防水层的保护砖墙），按“**贴砌砖墙**”项目编码列项。⑨**基础与墙（柱）身的划分**：基础与墙（柱）身使用同一种材料时，以设计室内地面为界（**有地下室者，以地下室室内设计地面为界**），以下为基础，以上为墙（柱）身。基础与墙（柱）身使用不同材料时，材料分界线位于设计室内地面高度±300mm 以内的，以不同材料分界线为界；±300mm 以外的，以设计室内地面为分界线。

11. 砌块砌体：①砌块墙，同实心砖墙的工程量计算规则。项目特征需描述：砌块品种、规格、强度等级；墙体类型；墙体厚度；砂浆强度等级。工作内容中也**综合了刮缝**。②砌块柱，按设计图示尺寸以**体积**计算，**扣除**混凝土及钢筋混凝土梁垫、梁头、板头所占体积。

1	2	3

12. 砖砌体、砌块墙工作内容中**包括了刮缝，不包括勾缝**，勾缝需要另列项计算工程量；石砌体工作内容中包括了勾缝。

1	2	3

13. 石砌体：清单项目设置包括石基础、石勒脚、石墙、石挡土墙、石柱、石栏杆、石护坡、石台阶、石坡道、石地沟（明沟）等。①石基础，按设计图示尺寸以**体积**计算。**不扣除**基础砂浆防潮层及单个面积≤0.3m^2 的孔洞所占体积，附墙垛基础宽出部分体积并入计算，靠墙暖气沟的挑檐不增加体积。墙基础长度：外墙基础按中心线、内墙基础按净长计算。②石勒脚，按设计图示尺寸以**体积**计算，**不扣除**单个面积≤0.3m^2的孔洞所占的体积。③石墙，同实心砖墙的工程量计算规则。④石挡土墙、**石柱**，按设计图示尺寸以体积计算。**石梯膀**应按“石挡土墙”项目编码列项。⑤石栏杆，按设计图示以**长度**计算。⑥石护坡、石台阶、石坡道，按设计图示尺寸以**体积（不含垫层）**计算。石台阶项目**包括石梯带（垂带），不包括石梯膀**。工作内容中**综合了铺设垫层**。⑦石地沟、明沟，设计图示以**中心线长度**计算。

1	2	3

14. 石基础、石勒脚、石墙的划分：基础与勒脚应以设计室外地坪为界。勒脚与墙身应以**设计室内地面**为界。**石围墙以设计室外地坪为界，两侧地坪标高不同时，应以较低地坪标高为界，以下为基础，以上为墙身；当两侧标高之差为挡土墙时，挡土墙以上为墙身**。

1	2	3

15. 轻质墙板。清单项目设置包括轻质墙板、轻质保温一体墙板等。轻质墙板、轻质保温一体墙板，按设计图示尺寸以**面积**计算。轻

1	2	3

质墙板应用于框架、框剪结构中的**内外墙或隔墙**。

1	2	3

16. 混凝土及钢筋混凝土工程包括基础及楼地面垫层，现浇混凝土构件，一般预制混凝土构件，装配式预制混凝土构件，混凝土模板，钢筋及螺栓，铁件。①基础及楼地面垫层清单项目设置包括基础垫层、楼地面垫层等。基础垫层、楼地面垫层，按设计图示尺寸以**体积**计算。**不扣除**伸入垫层的桩头所占体积。②现浇混凝土构件：清单项目设置包括独立基础、条形基础、筏形基础、设备基础、基础联系梁、钢筋混凝土柱、劲性钢筋混凝土柱、钢管混凝土柱、地下室外墙、钢筋混凝土墙、钢筋混凝土梁、劲性钢筋混凝土梁、实心楼板、空心楼板、空心板内置筒芯、空心板内置箱体、坡屋面板、坡道板、其他板、楼梯、构造柱、圈梁、过梁、填充混凝土、零星现浇构件、挡土墙、电缆沟（地沟）、化粪池（检查井）、散水、地坪、坡道、台阶、后浇带等。该部分项目基本上是按基础、柱、墙、梁、板、楼梯、二次结构、其他构件等设置的。③独立基础、条形基础、筏形基础，按设计图示尺寸以体积计算。**不扣除**伸入桩承台的桩头所占体积。与筏形基础一起浇筑的，凸出筏形基础上下表面的其他混凝土构件的体积，并入相应**筏形基础体积内（比如筏形基础上的梁或柱墩等）**。

1	2	3

17. **箱式满堂基础的底板**按“筏形基础”项目编码列项，**其余构件**按柱、梁、墙、板相应项目分别编码列项。框架式设备基础按基础、柱、梁、墙、板相应项目分别编码列项。

1	2	3

18. 钢筋混凝土柱、劲性钢筋混凝土柱，按设计断面面积乘以柱高以**体积**计算。**扣除劲**性钢骨架所占体积，附着在柱上的牛腿**并入**柱体积内。柱高是柱基上表面至柱顶之间的高度，其楼层分界线为各层**楼板上表面**，其与柱帽的分界线为**柱帽下表面**。

1	2	3

19. 钢管混凝土柱，按需浇筑混凝土的钢管**内截面**面积乘以钢管高度以体积计算。项目特征需描述：混凝土种类，混凝土强度等级，填充形式，**空心率**。

1	2	3

20. 钢筋混凝土梁、劲性钢筋混凝土梁，按设计图示尺寸以**体积**计算。**扣除**劲性钢骨架所占体积，伸入砌体墙内的梁头、梁垫**并入**梁体积内。项目特征需描述：混凝土种类，混凝土强度等级，坡度。

1	2	3

21. 现浇钢筋混凝土梁、板说明：梁坡度≥20%时，需描述坡度。**梁长**：梁与柱相交时，梁长算至柱侧面；主梁与次梁相交时，次梁长算至主梁侧面。**梁高**：梁顶部与板相交时，梁高算至**板顶**；梁中部、底部与板相交时，梁高**不扣除**板厚。

1	2	3

22. 现浇钢筋混凝土构件的其他说明：①**阳台**按现浇混凝土**梁、板**等相应构件分别编码列项。②实心楼板，按设计图示尺寸以体积计算。**不扣除**单个面积$\le 0.3m^2$的孔洞所占体积，伸入砌体墙内的板头以及板下柱帽**并入**板体积内。板与现浇墙、梁相交时，板尺寸算至墙、梁侧面。③空心楼板，按设计图示尺寸以体积计算。**扣除**内置筒芯、箱体部分的体积，板下柱帽**并入**板体积内。板与现浇墙、梁相交时，板尺寸算至墙、梁侧面。④空心板内置筒芯、空心板内置箱体。空心板内置**筒芯**按设计图示放置**筒芯的长度**计算；空心板内置**箱体**按设计图示放置**箱体的数量**计算（单位：个）。⑤柱高的规定：有梁板的柱高，应自柱基上表面（或楼板上表面）至上一层楼板上表面之间的高度计算。无梁板的柱高，应自柱基上表面（或楼板上表面）至柱帽下表面之间的高度计算。⑥坡屋面板，按设计图示尺寸以体积计算。不扣除单个面积$\le 0.3m^2$的孔洞所占体积，伸入砌体墙内的板头以及**屋脊八字**相交处的加厚混凝土**并入**板体积内。坡屋面板与屋面梁相交时，**板尺寸**算至梁**侧面**。⑦**现浇钢筋混凝土梁、板说明。屋面板坡度<20%时，应按"实心楼板"项目编码列项，坡度≥20%时，应按"坡屋面板"项目编码列项，并描述坡度。**⑧坡道板按设计图示尺寸以体积计算，不扣除单个面积$\le 0.3m^2$的孔洞所占体积。坡道板是指满足通行要求的**架空式**坡道。⑨其他板按设计图示尺寸以构件净体积计算。依附其上的混凝土上翻、线条、外凸造型等**并入**板体积内。其他板与楼板、屋面板水平连接时，以**外墙外边线**为界；与梁水平连接时，以梁外边线为界；与梁、楼板竖向连接时，以梁、楼板**上下表面**为界。**挑檐板、天沟板、雨篷板、凸飘窗顶（底）板、凸飘窗侧立板、下挂板、栏板、造型板等按"其他板"项目分别编码列项。**⑩楼梯，按设计图示尺寸以**体积**计算，**嵌入砌体墙内的部分**并入楼梯体积内。楼梯包括**楼梯梯段、楼梯梁、楼梯休息平台、平台梁**；当楼梯与楼板无楼梯梁连接时，以楼梯的最上一级踏步边缘加**300mm**为界。**架空式混凝土台阶**应按"楼梯"项目编码列项。⑪构造柱，按设计断面面积乘以柱高以体积计算，与砌体嵌接部分（马牙槎）并入柱体积内。柱高：**非通长构造柱**高度，自其生根构件（基础、基础圈梁、下部梁、下部板等）的上表面算至其锚固构件（上部梁、上部板等）的**下**表面；**通长构造柱**高度自其生根构件的上表面算至**柱顶**。⑫圈梁，按设计图示**截面面积乘以梁长**以**体积**计算。遇洞口**变截面部分并入**圈梁体积内。圈梁与构造柱连接时，梁长算至构造柱（**不含马牙槎**）的**侧**面。⑬过梁，按设计图示截面面积

乘以梁长以**体积**计算。梁长按设计规定计算，设计无规定时，按梁下洞口宽度**两端各加 250mm**。⑭填充混凝土，按设计图示填充部位的尺寸以**体积**计算。填充混凝土项目适用于已完成的结构体内，为满足设计要求而进行的混凝土浇筑。⑮零星现浇构件，按设计图示尺寸以构件**净体积**计算。**扶手、压顶、小型池槽、垫块、门窗框及其他单体体积≤$0.1m^3$ 的同类构件**，按“零星现浇构件”项目分别编码列项，并描述构件名称。⑯挡土墙，按设计图示尺寸以**体积**计算，**不扣除**泄水孔所占体积，墙垛及突出墙面部分**并入**墙体体积内。⑰电缆沟、地沟，按设计图示尺寸以**中心线长度**计算。工作内容中**综合了**地基夯实、垫层等内容。⑱化粪池、检查井，按设计图示**数量**计算（单位：座）。按标准图集设计的“化粪池、检查井”项目特征仅描述标准图集的相关代号即可，清单工作内容**不包括**图集中的**管道、支架、预制盖板、预制井圈**。其预制构件、钢筋、模板按相应清单项目另行编码列项。⑲散水、地坪，按设计图示尺寸以**水平投影面积**计算。工作内容中综合了**地基夯实、垫层**等内容。⑳坡道，按设计图示尺寸**以斜面**积计算。工作内容中综合了地基夯实、垫层等内容。㉑台阶，按设计图示尺寸以水平投影面积计算。与上部平台相连时，算至最上一级踏步踏面，该踏面无设计宽度时，按下一级踏面宽度计算。工作内容中综合了地基夯实、垫层等内容。㉒后浇带，按设计图示尺寸以**体积**计算。工作内容中综合了设置钢丝网或快速收口板留置后浇带。

23. 一般预制混凝土构件清单项目设置包括矩形柱、异型柱、矩形梁、异型梁、拱形梁、过梁、吊车梁、其他梁、屋架、天窗架、实心条板、空心条板、大型板、盖板、井圈、垃圾道、通风道、烟道、其他构件等。非装配式的预制混凝土构件，按“一般预制混凝土构件”的相应项目编码列项。①矩形柱、异型柱、矩形梁、异型梁、拱形梁、过梁、吊车梁、其他梁，按设计图示尺寸以**体积**计算。②屋架、天窗架，按设计图示尺寸以**体积**计算。项目特征中的“屋架形式”可描述为折线型、三角形、锯齿形等；对“天窗架组成”可描述为天窗架、端壁板、侧板、上下档、支撑及檩条等。

1	2	3

24. 一般预制混凝土构件说明：①一般预制混凝土构件的工作内容中**不包含**使用大型垂直运输机械进行的吊装工作，大型垂直运输机械的使用**应包含在措施项目中**。②实心条板、空心条板、大型板，按设计图示尺寸以体积计算。**不扣除**单个面积≤$0.3m^2$的**孔洞**及宽度≤40mm 的

1	2	3

板缝所占的体积,空心板**空洞**体积**也不扣除**,伸入墙内的板头**并入**板体积内计算。③盖板、井圈,按设计图示**数量**计算(单位:套)。④垃圾道、通风道、烟道,按设计图示尺寸以**长度**计算。⑤其他构件,按设计图示尺寸以**体积**计算。小型池槽、压顶、扶手、垫块、墩块、隔热板、花格等,按**"其他构件"**编码列项。

1	2	3

25. 装配式预制混凝土构件:清单项目设置包括实心柱、单梁、叠合梁、叠合楼板、实心剪力墙板、夹心保温剪力墙板、叠合剪力墙板、外挂墙板、女儿墙、楼梯、阳台、凸(飘)窗、空调板、其他构件、叠合梁(板)后浇混凝土、叠合剪力墙后浇混凝土等。①实心柱、单梁、叠合梁,按设计图示构件尺寸以**体积**计算。接缝灌浆层体积**并入**构件体积内。**不扣除**构件内钢筋、预埋部件、预留孔洞、灌浆套筒及后浇键槽所占体积,构件外露钢筋、连接件及吊环体积亦**不增加**。②叠合楼板,按设计图示构件尺寸以**体积**计算。**不扣除**构件内钢筋、预埋部件、预留孔洞、**构件边缘倒角**及后浇键槽所占体积,构件外露钢筋、连接件及吊环体积亦**不增加**。③实心剪力墙板、夹心保温剪力墙板、叠合剪力墙板,按设计图示构件尺寸扣除门窗洞口以体积计算。坐浆层体积**并入**构件体积内。**不扣除**构件内钢筋、预埋部件、预留孔洞、灌浆套筒、**灌浆孔道**及后浇键槽所占体积以及相邻预制墙板**锚环连接处灌浆**体积。构件外露钢筋、连接件及吊环体积亦**不增加**。④外挂墙板、女儿墙,按设计图示构件尺寸以**体积**计算。**不扣除**构件内钢筋、预埋部件、预留孔洞、**后浇键槽**及预制墙板拼缝所占体积,构件外露钢筋、连接件及吊环体积亦**不增加**。⑤楼梯、阳台、凸(飘)窗、空调板、其他构件,按设计图示构件尺寸以**体积**计算。**不扣除**构件内钢筋、预埋部件、预留孔洞、后浇键槽及预制构件拼缝所占体积,构件外露钢筋、连接件及吊环体积亦**不增加**。⑥叠合梁、板后浇混凝土和叠合剪力墙后浇混凝土,按设计图示尺寸以**体积**计算。**不扣除**构件内钢筋、预埋部件、预留孔洞所占的体积,预制构件边缘倒角部分及后浇混凝土键槽部分亦**不增加**。

1	2	3

26. 混凝土模板:清单项目设置包括垫层模板、基础模板、基础联系梁模板、柱面模板、墙面模板、梁模板、楼板(屋面板、坡道板)模板、其他板模板、柱帽模板、楼梯模板、构造柱模板、圈梁模板、过梁模板、零星现浇构件模板、挡土墙模板、井(池)模板、电缆沟(地沟)模板、台阶模板、后浇带模板、叠合构件后浇混凝土模板等。①垫层模板,按模板与现浇混凝土垫层的接触面积计算。②基础模板、基础联系

梁模板,按模板与现浇混凝土构件的**接触面积**计算。基础模板项目特征需描述**基础类型**,类型不一样的要**分别列项**计算工程量。③柱面模板,按模板与现浇混凝土构件的接触面积计算。若柱上有柱帽,则**柱帽模板**另列项计算工程量,也是按模板与现浇混凝土构件的接触面积计算。④墙面模板,按模板与现浇混凝土构件的**接触面积**计算。**扣除**门窗洞口及单个面积>0.3m^2的孔洞所占面积,洞侧壁面积**并入**计算;**不扣除**单个面积≤0.3m^2的孔洞所占的面积,洞侧壁面积亦**不计算**。⑤梁模板,按模板与现浇混凝土构件的**接触面积**计算。梁板连接时,**边缘处梁侧模不扣除板厚**。⑥楼板(屋面板、坡道板)模板、其他板模板,按模板与现浇混凝土构件的**接触面积**计算。**扣除**单个面积>0.3m^2的孔洞所占面积,洞侧壁面积**并入**计算;**不扣除**单个面积≤0.3m^2的孔洞所占的面积,洞侧壁面积亦**不计算**。⑦柱帽模板、楼梯模板,按模板与现浇混凝土构件的**接触面积**计算。楼梯模板项目特征需描述:楼梯形式、模板形式。⑧构造柱模板,按混凝土外露宽度乘以柱高以**面积**计算。与**砌体嵌接处按混凝土外露面最大宽度计算**。⑨圈梁模板,按模板与现浇混凝土构件的**接触面积**计算。圈梁与构造柱连接时,**梁长算至构造柱(含马牙槎)的侧面**。⑩圈梁模板,按模板与现浇混凝土构件的**接触面积**计算。圈梁与构造柱连接时,梁长算至构造柱(含马牙槎)的侧面。⑪过梁模板,按模板与现浇混凝土构件的**接触面积**计算。过梁梁长设计无规定时,按梁下洞口宽度**两端各加250mm**,计算侧模面积。⑫零星现浇构件模板,按模板与现浇混凝土构件的**接触面积**计算。⑬挡土墙模板,按模板与现浇混凝土构件的接触面积计算。**不扣除**单个面积≤0.3m^2的孔洞所占的面积,洞侧壁模板亦**不增加**。⑭井(池)模板、电缆沟(地沟)模板、台阶模板,按模板与现浇混凝土构件的**接触面积**计算。⑮后浇带模板、叠合构件后浇混凝土模板。后浇带模板,按模板与后浇带的**接触面积**计算;叠合构件后浇混凝土模板,按模板与后浇混凝土构件的**接触面积**计算。

27. 钢筋及螺栓、铁件:①现浇混凝土基础及联系梁钢筋、现浇混凝土柱钢筋、现浇混凝土地下室外墙钢筋、现浇混凝土墙钢筋、现浇混凝土梁钢筋、现浇混凝土楼板及屋面板钢筋、现浇混凝土坡道板钢筋、现浇混凝土其他板钢筋、现浇混凝土楼梯钢筋,按设计图示**钢筋中心线长度乘以单位理论质量**计算。设计(包括规范规定)标明的搭接和锚固长度应**并入**计算。工作内容中包括了钢筋连接(**含搭接、焊接、**

1	2	3

机械连接、检查清理等全部连接工序),即钢筋的连接不单独列项计算工程量。项目特征需描述钢筋种类及规格。②现浇混凝土二次结构钢筋、现浇混凝土零星构件钢筋、现浇混凝土挡土墙钢筋、现浇混凝土散水(坡道)钢筋、现浇混凝土地坪钢筋、现浇混凝土台阶钢筋,按设计图示钢筋**中心线长度乘以单位理论质量**计算。设计(包括规范规定)标明的搭接和锚固长度应**并入**计算。③叠合构件后浇混凝土钢筋,按设计图示钢筋中心线长度乘以单位理论质量计算。叠合预制构件**伸入后浇部分的**钢筋**不计算**,相邻现浇构件**伸入后浇部分的预留钢筋不并入计算**。④砌体工程内**配钢筋**,按设计图示钢筋中心线长度或设计(含规范)要求的钢筋计算长度乘以单位理论质量计算。设计(包括规范规定)标明的搭接和锚固长度应并入计算。⑤屋面刚性层内**配钢筋**、装饰工程内配钢筋,按设计图示钢筋中心线长度或设计(含图集)要求的钢筋计算长度乘以单位理论质量计算。⑥钢筋网片,按设计图示**钢筋网面积乘以单位理论质量**计算。⑦钢筋笼,按设计图示**钢筋中心线长度乘以单位理论质量**计算。设计(包括规范规定)标明的搭接应计算在内,灌注桩**允许超灌长度内的钢筋**应并入计算。⑧预应力钢筋,按设计图示钢筋(丝束、绞线)中心线长度乘以单位理论质量计算。项目特征需描述:钢筋(丝束、绞线)种类、规格;锚具种类;张拉方式;砂浆强度等级。**综合单价**中应综合锚具安装、孔道灌浆等内容。⑨钢丝网,按设计(包括规范规定)要求以**面积**计算。⑩螺栓,按设计(包括规范规定)要求以**数量**计算(单位:**套**)。⑪预埋铁件,按设计图示尺寸以**质量**计算。⑫结构抗(隔)震支座、阻尼器,按设计图示**数量**计算(单位:**套**)。

28. 钢筋工程量计算:首先计算钢筋图示长度,然后乘以单位长度质量确定。**钢筋工程量=图示钢筋长度×单位理论质量**。

1	2	3

29. 箍筋长度的计算:箍筋单根长度的计算采用箍筋外皮尺寸并考虑弯钩的增加长度,可按公式计算:箍筋单根长度=箍筋中心线长度+2×弯钩增加长度、双肢箍的单根长度可按公式计算:双肢箍单根长度=箍筋中心线长度+2×弯钩增加长度**=构件周长-8×混凝土保护层厚度-4×箍筋直径+2×弯钩增加长度**。

1	2	3

30. 金属结构工程包括钢网架,钢屋架、钢托架、钢桁架,钢柱,钢梁,钢板楼板、墙板、屋面板,钢天窗架、墙架、挡风架,其他钢构件,钢构件制作及其他,金属制品。**工作内容中综合了补刷油漆,但不包括**

1	2	3

刷防火涂料,金属构件刷防火涂料单独列项计算工程量。

1	2	3

31. 清单项目设置包括钢网架、钢网壳等。钢网架工程量按设计图示尺寸以**质量**计算。不扣除孔眼的质量,焊条、螺钉(或销子)等**不另增加**质量。

1	2	3

32. 清单项目设置包括钢屋架、钢托架、钢桁架等。钢屋架、钢托架、钢桁架工程量按设计图示尺寸以**质量**计算。**不扣除**孔眼的质量,焊条、铆钉、普通螺栓等**不另增加质量**。

1	2	3

33. 钢柱:清单项目设置包括实腹钢柱、空腹钢柱、钢管柱等,工程量按设计图示尺寸以**质量**计算,**不扣除**孔眼的质量,焊条、铆钉、普通螺栓等**不另增加**质量,钢柱上的节点板、加强环、内衬管、牛腿及悬臂梁等**并入**钢柱工程量内。

1	2	3

34. 钢梁:清单项目设置包括钢梁、钢吊车梁等。工程量按设计图示尺寸以**质量**计算。**不扣除**孔眼的质量,焊条、铆钉、普通螺栓等**不另增加质量**,节点板、加强肋、制动梁、制动板、制动桁架、车挡**并入**钢梁及吊车梁工程量内。

1	2	3

35. 钢板楼板、墙板、屋面板:清单项目设置包括钢板楼板、钢板墙板、钢屋面板等。①钢板楼板按设计图示尺寸以**铺设水平投影面积**计算。**不扣除**单个面积≤0.3m^2 的柱、垛及孔洞所占面积。②钢板墙板,按设计图示尺寸以**铺挂展开面积**计算。**扣除**门窗洞口所占面积,**不扣除**单个面积≤0.3m^2的梁、孔洞所占面积,包角、包边、窗台泛水等**不另加面积**。③钢屋面板,按设计图示尺寸以铺设**斜面积**计算。**不扣除**房上烟囱、风帽底座、风道、小气窗、斜沟等所占面积,小气窗的出檐部分**不增加面积**。

1	2	3

36. 钢天窗架、墙架、挡风架:清单项目设置包括钢天窗架、钢挡风架、钢墙架等,工程量按设计图示尺寸以质量计算,**不扣除**孔眼的质量,焊条、铆钉、普通螺栓等**不另增加质量**。

1	2	3

37. 其他钢构件:清单项目设置包括钢拉索、钢支撑(钢拉条)、钢檩条、钢平台、钢走道、钢梯、钢护栏、钢漏斗、钢板天沟、零星钢构件等。①钢拉索,按设计图示尺寸以索体**质量**计算。**不扣除**孔眼的质量,锚具及接头等**不另增加质量**。钢拉索的"索体类型"可描述为**钢丝束、钢丝绳、钢绞线、钢拉杆**。②钢支撑(钢拉条)、钢檩条、钢梯、钢护栏、零星钢构件,按设计图示尺寸以**质量**计算,**不扣除**孔眼的质量,焊条、铆钉、普通螺栓等**不另增加质量**。

38. 木结构工程包括木屋架、木构件、屋面木基层。①木屋架：清单项目设置屋架一项，工程量按设计图示数量以**榀**计算。②木构件：清单项目设置包括木柱、木梁、木檩、木楼梯、装配式木楼梯、其他木构件等。木柱、木梁、木檩，按设计图示尺寸以**体积**计算。木楼梯，按设计图示尺寸以**水平投影面积**计算。不扣除宽度≤300mm 的楼梯井，伸入墙内部分不计算。装配式木楼梯，按设计图示尺寸以**水平投影面积**计算。**不扣除**套管、线盒及宽度≤300mm 的楼梯井所占的面积，伸出梯板的连接件面积亦**不增加**。屋面木基层：清单项目设置屋面木基层一项。工程量按设计图示尺寸以**斜面积**计算。**不扣除**房上烟囱、风帽底座、风道、小气窗、斜沟等所占面积。小气窗的出檐部分**不增加面积**。

1	2	3

39. 木门：清单项目设置包括木质门、木质门带套、木质连窗门、木质防火门、木门框、门锁安装等。①木质门、木质门带套、木质连窗门、木质防火门，按设计图示洞口尺寸以**面积**计算。木质门带套项目的工作内容中**综合了**门套安装，**不另列项**计算工程量。木质门项目特征需描述：门洞口尺寸；门类型；开启方式；框、扇木材材质；玻璃品种、厚度；五金种类、规格；其他工艺要求。木质门带套项目特征需描述：门洞口尺寸；门类型；开启方式；门扇木材材质；门套材质、规格；玻璃品种、厚度；五金种类、规格；其他工艺要求。木质连窗门项目特征需描述：门连窗洞口尺寸；门类型及开启方式；窗类型及开启方式；框、扇木材材质；玻璃品种、厚度；五金种类、规格。木质防火门项目特征需描述：门洞口尺寸；防火等级；开启方式；玻璃品种、厚度；五金种类、规格；防护材料种类。②木门框，按设计图示尺寸以**框中心线长度**计算。③门锁安装，按设计图示**数量**计算（单位：**套**）。单独安装门锁按“**门锁安装**”项目编码列项。

1	2	3

40. 金属门：清单项目设置包括金属（塑钢）门、彩板门、防盗门、钢质防火门等。金属（塑钢）门、彩板门、防盗门、钢质防火门，按设计图示洞口尺寸以**面积**计算。

1	2	3

41. 木窗：清单项目设置包括木质窗、木飘（凸）窗、木橱窗、木纱窗等。①木质窗，按设计图示洞口尺寸以**面积**计算。②木飘（凸）窗、木橱窗，按设计图示尺寸**以框外围展开面积**计算。③木纱窗，按纱扇框的外围尺寸以**面积**计算。

1	2	3

42. 金属窗：清单项目设置包括金属（塑钢）窗、金属防火窗、金属百叶窗、金属纱窗、金属格栅窗、金属（塑钢）橱窗、金属（塑钢）飘

1	2	3

(凸)窗、彩板窗、复合材料窗等。①金属（塑钢）窗、金属防火窗、金属百叶窗、金属格栅窗、彩板窗、复合材料窗，按设计图示**洞口尺寸以面积**计算。②金属纱窗，按纱扇框的**外围尺寸以面积**计算。③金属(塑钢)橱窗、金属（塑钢)飘（凸）窗，按设计图示尺寸以**框外围展开面积**计算。④**彩板窗、复合材料窗**以"m^2"计算。**按设计图示洞口尺寸以面积计算**。

43. 屋面：清单项目设置包括瓦屋面、阳光板屋面、玻璃钢屋面、玻璃采光顶、金属板幕墙顶、膜结构屋面、屋面成品天沟（檐沟）、屋面变形缝等。①瓦屋面，按设计图示尺寸以**斜面积**计算。**不扣除**房上烟囱、风帽底座、风道、小气窗、斜沟等所占面积，小气窗的出檐部分、瓦搭接重叠部分**不增加面积**。②阳光板屋面、玻璃钢屋面，按设计图示尺寸以斜面积计算。**不扣除**屋面面积≤0.3m^2的孔洞所占面积，搭接重叠部分**不增加面积**。③玻璃采光顶、金属板幕墙顶，按设计图示**外表面积**计算。④膜结构屋面，按设计图示尺寸以**需要覆盖的水平投影面积**计算。⑤屋面成品天沟、檐沟，按设计图示尺寸以**沟中心线长度**计算。⑥屋面变形缝，按设计图示尺寸以长度计算。

1	2	3

44. 屋面防水及其他：①屋面卷材防水、屋面涂膜防水、屋面柔性隔离层，按设计图示尺寸以**面积**计算。**斜**屋顶(**不包括平屋顶找坡**)按**斜面积**计算，**平**屋顶按**水平投影面积**计算；**不扣除**房上烟囱、风帽底座、风道、屋面小气窗和斜沟所占面积，相应上述部位上翻**不增加**；屋面的女儿墙、伸缩缝、设备基础和天窗等处的上翻部分，**并入**屋面工程量内。②屋面排水管按设计图示尺寸以**长度**计算，如设计未标注尺寸，以檐口至设计室外散水上表面垂直距离计算。③屋面排（透)气管按设计图示尺寸以**长度**计算。④屋面（廊、阳台)泄（吐)水管按设计图示**数量**计算（单位：**个**)。⑤屋面排水板按设计图示尺寸以**面积**计算。斜屋顶按**斜面积**计算平屋顶按**水平投影面积**计算。⑥天沟(檐沟)防水按设计图示尺寸以**展开面积**计算。

1	2	3

45. 墙面防水、防潮：清单项目设置包括墙面卷材防水、墙面涂膜防水、墙面砂浆防水、墙面变形缝等。①墙面卷材防水、墙面涂膜防水、墙面砂浆防水，按设计图示尺寸以面积计算。楼(地)面**防水上翻高度>300mm** 时，按**墙面防水相应项目编码列项**。②墙面变形缝，按设计图示尺寸以**长度**计算。

1	2	3

46. 楼（地）面防水、防潮：清单项目设置包括楼（地)面卷材防

1	2	3

水、楼（地）面涂膜防水、楼（地）面砂浆防水（防潮）、楼（地）面变形缝等。①楼（地）面卷材防水、楼（地）面涂膜防水、楼（地）面砂浆防水（防潮），按设计图示尺寸以**主墙间净面积**计算，**扣除**凸出地面的构筑物、设备基础及单个面积 >0.3m^{2}的柱、垛、烟囱和孔洞等所占面积。楼（地）面防水上翻高度≤300mm 时，工程量**并入**楼地面防水工程量内。②楼（地）面变形缝，按设计图示尺寸以**长度**计算。各变形缝项目均按单侧做法的项目特征进行描述。若为**双侧做法且做法一致时，工程量乘以系数 2**；双侧**做法不一致**时，两侧需**分别编码列项**。

47. 基础防水及止水带：清单项目设置包括基础卷材防水、基础涂膜防水、止水带等。①基础卷材防水、基础涂膜防水，按图示尺寸以**面积**计算。**不扣除**桩头及单个面积≤0.3m^2 的孔洞所占面积，与筏形基础、防水底板相连的其他基础、电梯井坑、集水坑的防水按展开面积**并入**计算。②止水带按设计图示尺寸以**中心线长度**计算。

1	2	3

48. 保温、隔热、防腐工程包括保温、隔热，防腐面层，其他防腐。清单项目设置包括保温隔热屋面、保温隔热天棚、保温隔热墙面、保温柱（梁）、保温隔热楼地面、其他保温隔热等。①保温隔热屋面，按设计图示尺寸以**面积**计算。**不扣除**单个面积≤0.3m^{2}的孔洞所占面积。铺设隔汽层，**隔汽层应含在工作内容中**，不另列项计算工程量。②保温隔热天棚，按设计图示尺寸以**面积**计算。**不扣除**单个面积≤0.3m^2 的柱、垛、孔洞所占面积，与天棚相连的梁按展开面积**并入**天棚工程量内。柱帽保温隔热应**并入**天棚保温隔热工程量内。③保温隔热墙面，按设计图示尺寸以面积计算。**扣除**门窗洞口所占面积，**不扣除**单个面积≤0.3m^2 的梁、孔洞所占面积；门窗洞口侧壁以及与墙相连的柱，**并入**墙面工程量内。设有龙骨的保温隔热墙面，**龙骨含在工作内容中**，不另列项计算工程量。④保温柱、梁，按设计图示尺寸以**面积**计算：柱按设计图示柱断面保温层**中心线展开长度**乘以保温层高度以**面积**计算，**不扣除**单个面积≤0.3m^{2}的梁所占面积；梁按设计图示梁断面保温层**中心线展开长度**乘保温层长度以**面积**计算。⑤保温隔热楼地面，按设计图示尺寸以**面积**计算。**不扣除**单个面积≤0.3m^{2}的柱、垛、孔洞所占面积。门洞、空圈、暖气包槽、壁龛的开口部分**不增加面积**。⑥其他保温隔热，按设计图示尺寸以展开**面积**计算。**不扣除**单个面积≤0.3m^{2}的孔洞所占面积。池槽保温隔热应按“其他保温隔热”项目编码列项。

1	2	3

49. 防腐面层清单项目设置包括防腐混凝土面层、防腐砂浆面层、防腐胶泥面层、玻璃钢防腐面层、聚氯乙烯板面层、块料防腐面层、池（槽）块料防腐面层等。①防腐混凝土面层、防腐砂浆面层、防腐胶泥面层、玻璃钢防腐面层、聚氯乙烯板面层、块料防腐面层，按设计图示尺寸以面积计算：**平面防腐**面层需**扣除**凸出地面的构筑物、设备基础所占面积，**不扣除**单个面积≤0. 3m^2的、垛、孔洞所占面积，门洞、空圈、暖气包槽、壁龛的开口部分**不增加面积**；**立面防腐**面层需**扣除**门窗洞口所占面积，**不扣除**单个面积≤0. 3m^2的梁、孔洞所占面积，门窗洞口侧壁、垛突出部分按展开面积**并入**墙面积内。②池、槽块料防腐面层，按设计图示尺寸以**展开面积**计算。

1	2	3

50. 其他防腐清单项目设置包括隔离层防腐、砌筑沥青浸渍砖、防腐涂料等。①隔离层防腐、防腐涂料，按设计图示尺寸以面积计算：**平面**的需**扣除**凸出地面的构筑物、设备基础所占面积，**不扣除**单个面积≤0. 3m^2的柱、垛、孔洞等所占面积，门洞、空圈、暖气包槽、壁龛的开口部分**不增加面积**；**立面**的需**扣除**门窗洞口面积，**不扣除**单个面积≤0. 3m^2的梁、孔洞所占面积，门窗洞口侧壁、垛凸出部分按展开面积**并入**墙面积内。防腐涂料项目特征需描述：涂刷部位；基层材料类型；刮腻子的种类、遍数；涂料品种、刷涂遍数。**刮腻子**包含在工作内容中，**不另列项**计算工程量。②砌筑沥青浸渍砖，按设计图示尺寸以**体积**计算。

1	2	3

51. 整体面层及找平层：清单项目设置包括水泥砂浆楼地面、细石混凝土楼地面、自流平楼地面、耐磨楼地面、塑胶地面、平面砂浆找平层、细石混凝土找平层、自流平找平层等。①水泥砂浆楼地面、细石混凝土楼地面、自流平楼地面、耐磨楼地面、**塑胶地面**，按设计图示尺寸以**面积**计算。**扣除**凸出地面构筑物、设备基础、室内管道、地沟、柱、垛、附墙烟囱及孔洞所占面积。门洞、空圈、暖气包槽、壁龛的开口部分**并入**相应的工程量内。水泥砂浆楼地面、细石混凝土楼地面、自流平楼地面、耐磨楼地面工作内容中均包括**找平层**铺设，找平层不单独列项计算工程量。②平面砂浆找平层、细石混凝土找平层、自流平找平层，按设计图示尺寸以**面积**计算。**扣除**凸出地面构筑物、设备基础、室内管道、地沟等所占面积，**不扣除**≤0. 3m^2柱、垛、附墙烟囱及孔洞所占面积。门洞、空圈、暖气包槽、壁龛的开口部分**不增加面积**。

1	2	3

52. 石材及块料面层：清单项目设置包括石材楼地面、拼碎石材楼地面、块料楼地面等。石材楼地面、拼碎石材楼地面、块料楼地面，

1	2	3

按设计图示尺寸以**面积**计算。门洞、空圈、暖气包槽、壁龛的开口部分**并入**相应的工程量内。

53. 橡塑面层:橡塑板楼地面、橡塑卷材楼地面、塑胶运动地板,按设计图示尺寸以**面积**计算。门洞、空圈、暖气包槽、壁龛的开口部分**并入**相应的工程量内。

1	2	3

54. 其他材料面层:地毯楼地面、竹/木（复合）地板、金属复合地板,按设计图示尺寸以**面积**计算。门洞、空圈、暖气包槽、壁龛的开口部分**并入**相应的工程量内。

1	2	3

55. 踢脚线:工程量按设计图示尺寸以**长度**计算。项目特征均需要描述踢脚线高度。

1	2	3

56. 楼梯面层:工程量按设计图示尺寸以面层展开**面积**计算。楼梯与楼地面相连时,算至最上一级踏步踏面（**该踏面无设计宽度时按300mm 计算**）。

1	2	3

57. 台阶装饰:台阶与楼地面相连时,算至最上一级踏步踏面（**该踏面无设计宽度时,按下一级踏面宽度计算**）。

1	2	3

58. 零星装饰项目:①石材零星项目、拼碎石材零星项目、块料零星项目、水泥砂浆零星项目,按设计图示尺寸以**面积**计算。②车库标线、标识、标志牌,标线按**设计图示尺寸以面积**计算,标识按设计图形以**外接矩形面积**计算,标志牌按设计**图示尺寸以面积**计算。③广角镜安装、车挡,按设计图示**数量**计算（单位:**个**）。④减速带、墙柱面防撞条,按设计图示尺寸以**长度**计算。

1	2	3

59. 装配式楼地面及其他:①架空地板,按设计图示尺寸以面积计算。门洞、空圈、暖气包槽、壁龛的开口部分**并入**相应的工程量内。②装配式踢脚线,按设计图示尺寸以**长度**计算。

1	2	3

60. 墙、柱面抹灰:清单项目设置包括墙（柱）面一般抹灰、墙（柱）面装饰抹灰、墙（柱）面勾缝、立面砂浆找平层等。工程量按设计图示尺寸以**面积**计算。**扣除**墙裙、门窗洞口面积;**不扣除**单个面积≤0.3m^2 的孔洞面积,**不扣除**挂镜线、墙与构件交接处的面积;附墙柱、梁、垛、烟囱侧壁**并入**相应的墙面面积内;门窗洞口和孔洞的侧壁及顶面**不增加面积**。

1	2	3

61. 墙、柱饰面:①墙、柱面装饰板,按设计图示饰面外围尺寸以**面积**计算。**扣除**门窗洞口面积,**不扣除**单个面积≤0.3m^2的孔洞所占面积。工作内容中**包括龙骨制作与安装**,龙骨不另行列项计算工程量。②墙、柱面装饰浮雕,按设计图示尺寸以**面积**计算。③墙、柱面装

1	2	3

面装配式装饰板,按设计图示**饰面外围尺寸**以**面积**计算。④墙、柱面软包,按设计图示**饰面外围尺寸**以**面积**计算。⑤墙、柱面保温装饰一体板,按设计图示**饰面外围尺寸**以**面积**计算。

1	2	3

62. 幕墙工程:①构件式玻璃幕墙,按设计图示**框外围尺寸**以**面积**计算,**扣除**开启扇面积。②构件式石材幕墙、构件式金属板幕墙、构件式人造板幕墙,按设计图示**外表面积**计算。③单元式幕墙,按设计图示**框外围尺寸以投影面积**计算,**扣除**开启扇面积。④全玻(无框玻璃)幕墙、点支承玻璃幕墙,按设计图示尺寸以**面积**计算。**扣除**开启扇面积。⑤幕墙开启扇,按设计图示扇外围尺寸以**面积**计算。**包含五金配件安装**。

1	2	3

63. 隔墙、隔断:①轻质隔墙、轻质隔断,按设计图示**框外围尺寸**以**面积**计算。**不扣除**单个≤0.3m^2的孔洞所占面积;同材质的浴厕门面积**并入**计算。骨架及边框制作、安装包含在工作内容中,不另列项计算工程量。②成品隔断,按设计图示框外围尺寸以面积计算。

1	2	3

64. 天棚工程:天棚抹灰,按设计图示尺寸以**水平投影面积**计算。**不扣除**垛、柱、附墙烟囱、检查口和管道所占的面积;**带梁天棚的梁两侧抹灰面积并入**天棚面积内;板式楼梯底面抹灰按**斜面积**计算;锯齿形楼梯底板抹灰按**展开面积**计算。

1	2	3

65. 天棚吊顶:①平面吊顶天棚,按设计图示尺寸以水平投影面积计算。**扣除**与天棚相连的窗帘盒所占的面积;**不扣除**检查口、附墙烟囱、柱垛和管道以及单个面积≤0.3m^2的独立柱、孔洞所占面积。②跌级吊顶天棚、艺术造型吊顶天棚,按设计图示尺寸以水平投影面积计算。天棚面中的灯槽及跌级天棚面积**不展开计算**。**扣除**与天棚相连的窗帘盒所占的面积;**不扣除**检查口、附墙烟囱、柱垛和管道以及单个面积≤0.3m^2的独立柱、孔洞所占面积。③格栅吊顶、吊筒吊顶、藤条造型悬挂吊顶、织物软雕吊顶、装饰网架吊顶,按设计图示尺寸以**水平投影面积**计算。

1	2	3

66. 天棚其他装饰:清单项目设置包括成品装饰带、成品装饰口、挡烟垂壁、块料梁面、装饰板梁面等。①成品装饰带,按设计图示尺寸以**中心线长度**计算。②成品装饰口,按设计图示**数量**计算(单位:**个**)。③挡烟垂壁,按设计图示尺寸以**面积**计算。④块料梁面,按设计图示**镶贴后表面积**计算。⑤装饰板梁面,按设计图示**饰面外围尺寸面积**计算。⑥**"块料梁面""装饰板梁面"**适用于无天棚的独立梁装饰以及梁面装饰与所在天棚吊顶装饰做法不同时的情况。

67. 油漆、涂料、裱糊工程:①木门油漆、木窗油漆,按设计图示**洞口尺寸**以**面积**计算。②木板条、线条油漆,按设计图示尺寸以**中心线长度**计算。③木材面油漆,按设计图示尺寸以**面积**计算。④木地板油漆、木地板烫硬蜡面,按设计图示尺寸以**面积**计算。空洞、空圈、暖气包槽、壁龛的开口部分**并入**相应的工程量内。

1	2	3

68. 金属面油漆:①金属门油漆、金属窗油漆,按设计图示**洞口尺寸**以**面积**计算。②金属面油漆,按设计图示尺寸以**面积**计算。③金属构件油漆、金属构件除锈,按设计图示尺寸以**构件质量**计算。

1	2	3

69. 抹灰面油漆:①抹灰面油漆、刮腻子,按设计图示尺寸以**面积**计算。②抹灰线条油漆,按设计图示尺寸以**中心线长度**计算。

1	2	3

70. 喷刷涂料:①墙面喷刷涂料、天棚喷刷涂料,按设计图示尺寸以**展开面积**计算。洞口侧壁面积**并入**相应喷刷部位中计算。②空花格、栏杆刷涂料,按设计图示尺寸以**单面外围面积**计算。③线条刷涂料,按设计图示尺寸以**中心线长度**计算。④金属面喷刷防火涂料、木材构件喷刷防火涂料,按设计图示尺寸以**面积**计算。⑤金属构件喷刷防火涂料,按设计图示尺寸以**构件质量**计算。

1	2	3

71. 裱糊:清单项目设置包括墙纸裱糊、织锦缎裱糊等。工程量按设计图示尺寸以**面积**计算。项目特征需描述:基层类型,腻子种类,刮腻子遍数,黏结材料种类,防护材料种类,面层材料品种、规格。

1	2	3

72. 措施项目:①措施项目的项目编码、项目名称和工作内容,**不再区分"能计量"和"不能计量"**的项目,均按**"项"**计算。对于发包人提供设计图纸,并要求承包人按图施工的非实体项目,由于有图纸可以计算工程量,其计量原则同分部分项工程量清单。②发包人提供设计图纸并要求按其施工的措施项目,可参照分部分项工程补充编码列项。如**"施工排水"和"施工降水"**有专项设计方案,可根据专项设计按照分部分项工程的形式编码列项计算工程量。③**"脚手架"**包括工程施工过程中,按照相关规范要求及满足施工作业的需求所搭设的全部脚手架。④**"垂直运输"**仅包括工程施工过程中的大型垂直运输机械。使用其他吊装机械及人力辅助工器具进行的垂直运输,包含在相应分部分项工作内容中。⑤**"临时设施""文明施工""环境保护""安全生产"**工作内容的包含范围,应参考各省、自治区、直辖市或行业建设主管部门的相关

1	2	3

规定进行补充。

笔记：

三、经典题型

1. 根据《房屋建筑与装饰工程工程量计算规范》GB/T 50584—2024，挖 480mm 宽的钢筋混凝土直埋管道沟槽，每侧工作面宽度应为（　　）mm。

A. 200　　　　B. 250

C. 400　　　　D. 500

答案：C

解析：管沟结构宽度 480mm ≤ 500mm，混凝土及钢筋混凝土管道的施工每侧工作面宽度为 400mm。

2. 根据《房屋建筑与装饰工程工程量计算规范》GB/T 50584—2024 规定，关于石砌体工程量计算正确的为（　　）。

A. 挡土墙按设计图示中心线长度计算

B. 勒脚工程量按设计图示尺寸以延长米计算

C. 石围墙内外地坪标高之差为挡土墙墙高时，墙身与基础以较低地坪标高为界

D. 石护坡工程量按设计图示尺寸以体积计算

答案：D

解析：选项 A 错误，石挡土墙工程量按设计图示尺寸以体积计算。选项 B 错误，石勒脚工程量按设计图示尺寸以体积计算。选项 C 错误，石围墙以设计室外地坪为界，两侧地坪标高不同时，应以较低地坪标高为界，以下为基础，以上为墙身；当两侧标高之差为挡土墙时，挡土墙以上为墙身。

3. 根据《房屋建筑与装饰工程工程量计算规范》GB/T 50584—2024，门窗工程量计算正确的是（　　）。

A. 木门框按设计图示洞口尺寸以面积计算

B. 金属纱窗按设计图示洞口尺寸以面积计算

C. 石材窗台板按设计图示以水平投影面积计算

D. 木门的门锁按照按设计图示数量计算

答案:D

解析:选项 A 错误,木门框,按设计图示尺寸以框中心线长度计算。选项 B 错误,金属纱窗,按纱扇框的外围尺寸以面积计算;选项 C 错误,窗台板工程量按设计图示尺寸以展开面积计算。